Graeme Maxton
mit Maren Urner und Felix Austen

# Globaler Klimanotstand

Graeme Maxton
mit Maren Urner und Felix Austen

# Globaler Klimanotstand

## Warum unser demokratisches System an seine Grenzen stößt

Texte von Graeme Maxton aus dem Englischen übersetzt von Nina Sattler-Hovdar

KOMPLETTMEDIA

FSC
www.fsc.org
MIX
Papier aus verantwortungsvollen Quellen
FSC® C014496

Klimaneutral
Druckprodukt
ClimatePartner.com/13336-1905-1001

Originalausgabe
1. Auflage 2020
Verlag Komplett-Media GmbH
2020, München
www.komplett-media.de
ISBN: 978-3-8312-0558-5
Auch als E-Book erhältlich

Hinweis: Das vorliegende Buch ist sorgfältig erarbeitet worden. Dennoch erfolgen alle Angaben ohne Gewähr. Weder Autor noch Verlag können für eventuelle Nachteile oder Schäden, die aus den im Buch gegebenen Hinweisen resultieren, eine Haftung übernehmen.

Übersetzung: Nina Sattler-Hovdar, Elixhausen/Salzburg
Lektorat: Redaktionsbüro Diana Napolitano, Augsburg
Korrektorat: Redaktionsbüro Julia Feldbaum, Augsburg
Umschlaggestaltung: FAVORITBUERO, München
Satz und Layout: Daniel Förster, Belgern
Druck & Bindung: GGP Media GmbH, Pößneck
Printed in Germany

# INHALT

## Teil 2



## Teil 3

# VORWORT

Seit mehr als einem Jahrzehnt jage ich einem Traum nach, gemeinsam mit unzähligen anderen kratzige Pullover tragenden Grünen. Ich dachte, das fehlende Handeln gegen den Klimawandel sei einem Mangel an Informationen geschuldet. Die Daten müssten bloß klarer, deutlicher und überzeugender kommuniziert werden. Wenn Regierungen und die Mächtigen das Ausmaß des Problems begriffen hätten und vor allem dessen Unvermeidbarkeit, Dringlichkeit sowie das unermessliche Leid, das zukünftige Generationen – die Schwachen und Schutzlosen, die Armen und ja, letztlich auch die Reichen – erwartet, würden sie doch alles menschlich Erdenkliche tun, um das Ruder herumzureißen. All das zu wissen und NICHTS zu ändern – da müssten die Staatenlenker unserer Gesellschaft ja Psychopathen sein, oder?

Ah. Wie sich herausstellt, liegt genau da das Problem. Es klingt unfassbar, ich weiß. Verschwörungstheorien sind nicht mein Ding. Aber die Wahrheit, die erschreckender ist als jeder Stephen-King-Roman, ist die Realität, in der wir hier und jetzt leben. Wir leben in einer Zombie-Welt, beherrscht von machtbesessenen Psychopathen, von denen wir nur hoffen können, dass sie bestenfalls unwissend sind. Aber das sind sie nicht. Sie sind auch nicht dumm. Es ist bloß so, dass ihnen Macht und Geld viel wichtiger sind als ihre

Kinder, die Wasservorräte Indiens, die bröckelnden Berge Europas, die sterbenden Wälder Deutschlands, die verheerenden Brände und das Tiersterben in Australien und dass Japan oder Barbados durch gewaltige Stürme plattgemacht werden.

Der wahre Grund, der die Politik daran hindert, den katastrophalen Klimawandel aufzuhalten und uns allen das Leid und den sinnlosen Verlust von Schönheit, Würde und Leben zu ersparen, ist die Gier nach Macht und Geld. Keine noch so vielen Demonstrationen, Petitionen oder Blogs werden daran etwas ändern.

Was also muss geschehen?

Dr. Bernice Maxton-Lee
ETH Zürich, Januar 2020

# EINLEITUNG

Trotz allem, was als wahr bekannt ist, hat es noch niemand geschafft, die Menschheit von ihrem selbstmörderischen Kurs abzubringen. Das Gewohnte bleibt wie gehabt, die Menschheit stolpert blindlings weiter, von einer Abhängigkeit zur nächsten Ablenkung, ohne zu sehen, was unübersehbar eskaliert, verwirrt von all den Leugnern, eingelullt von Worten, die jegliche Bedeutung verloren haben.

## Worauf steuert die Menschheit zu, wenn nicht hinab in den Abgrund?

Den Großteil des letzten Jahrzehnts habe ich all meine Energien dem heimtückischsten aller Probleme der Menschheit gewidmet – dem Thema, das darüber entscheiden wird, was die Menschheit ist, war und je sein wird. Wie viele andere auch habe ich hart, dennoch ohnmächtig für eine bessere Zukunft der Menschheit gekämpft, und dabei ist so viel wertvolle Zeit verloren gegangen.

Vor einem Jahr habe ich mich etwas zurückgenommen, in dem Versuch, mit etwas mehr Abstand die Antwort auf eine scheinbar einfache Frage zu finden: Woran liegt es, dass sich nichts ändert? Seit Jahrzehnten wissen wir, dass der Artenverlust, die Verschmutzung und der Klimawandel immer mehr zunehmen. Wir wissen, dass menschliches Handeln diese Probleme verursacht und dass weitere Untätigkeit langfristig verheerende Konsequenzen haben wird. Dennoch wird die Situation immer schlimmer.

## Warum hat sich nichts geändert?

Dass die Menschheit bisher noch nichts Sinnvolles als Reaktion auf diese wachsende Problematik unternommen hat, liegt daran, dass sie aufgrund ihrer Weltanschauungen in der Gegenwart verhaftet ist. Was die meisten als menschlichen Daseinszweck, als Demokratie und als Freiheit des Individuums betrachten, ist durch clevere Sinnentstellung zu ihrem Nachteil verzerrt worden, mit gravierenden Folgen für die Natur. Was die heutige Gesellschaft als Fortschritt bezeichnet, ist in Wirklichkeit ein global orchestrierter Raubzug zum Vorteil einer kleinen Minderheit, die nahezu alle Alternativen effektiv ausgeschaltet hat.

Wie und warum es dazu gekommen ist, welche Konsequenzen zu erwarten sind und was wir Menschen als Einzelne und als Gesellschaft tun sollten, ist Gegenstand dieses Buches.

Graeme Maxton
Wien, Februar 2020

## Teil 1

# DAS PROBLEM

Eines Nachmittags vor ein paar Jahren erfuhren meine Frau und ich, dass ein riesiger Taifun auf unser Wohngebiet zusteuerte. In den vorangegangenen 24 Stunden hatte der Sturm an Stärke gewonnen und war nur mehr wenige Hundert Kilometer entfernt.

Beim Blick aus dem Fenster sah alles jedoch normal aus. Der Himmel war ein wenig verhangen, und es regnete, aber nichts deutete darauf hin, dass eine enorme Naturgewalt im Anmarsch war, die nahezu alles rund um uns herum zerstören könnte. Es gab nichts, woran wir hätten erkennen können, dass dieser Taifun in kürzester Zeit einfallen würde und uns nur sehr wenig Zeit blieb, um uns darauf vorzubereiten. Es war zu spät, um uns anderswo in Sicherheit zu bringen oder unsere Vorräte aufzustocken. Der Flughafen hatte bereits geschlossen, und unsere Nachbarn waren damit beschäftigt, ihre Fenster mit dicken braunen Klebebändern zu versehen, damit sie im Sturm nicht zerbersten würden.

Die heftigen Windböen und die sintflutartigen Regenfälle im Gefolge des Taifuns hielten kaum mehr als einen Tag an. Häuser wurden zerstört, und viele Menschen starben. Eine nahe gelegene Stadt wurde besonders hart getroffen, hier waren Hunderte Wohnhäuser zerstört worden, und zahlreiche Bürogebäude standen unter Wasser. Es dauerte Monate, bis die Infrastrukturen wieder instand gesetzt waren, und Millionen von Menschen litten unter großen Entbehrungen. Psychisch werden sie noch Jahre brauchen, um über die Folgen des Taifuns hinwegzukommen.

Statt eines Taifuns, der nur einen Tag andauert, ist der Klimawandel ein Sturm, der Jahrhunderte anhalten wird. So, wie jener Taifun für uns im Vorfeld nicht erkennbar war, ist der Klimawandel eine immer noch kaum sichtbare, dennoch aus nächster Nähe lauernde Gefahr mit enormer Zerstörungskraft. Genauso wie die Menschheit diesen Taifun nicht verhindern konnte, kann sie auch den Klimawandel nicht mehr verhindern, und es bleibt nur mehr sehr wenig Zeit zur Vorbereitung.

Doch die meisten Menschen scheinen diese Botschaft nicht zu verstehen. Jede Woche treffe ich intelligente, engagierte Menschen, die glauben, dass Investitionen in Elektroautos und erneuerbare Energien das Klimaproblem lösen werden. Sie meinen, dass die Menschheit sich bloß auf eine wärmere Welt einstellen müsse und der Übergang zu einer nachhaltigeren Gesellschaft relativ unkompliziert erfolgen könne. Manche scheinen sogar zu glauben, dass die Erwärmung aufgehalten werden könne.

In alledem liegen sie leider falsch.

Wenn man das Verstehen des Klimawandels in 5 Stadien einteilt, bleiben die meisten in Stadium 3 stehen, so auch die meisten Politiker. Sie wissen, dass sich das Klima der Erde verändert und die Ursache dafür menschliches Handeln ist. Sie glauben aber weiterhin, dass nachhaltige Weiterentwicklung möglich ist.

# Der Klimawandel: Die 5 Stadien des Verstehens

1. Der Klimawandel ist ein Mythos.
2. Das Klima verändert sich, doch das ist Teil eines natürlichen Kreislaufs.
3. Das Klima verändert sich, und schuld daran ist menschliches Handeln. Die Menschheit muss sich anpassen und auf einen nachhaltigeren Lebensstil umstellen.
4. Das Klima verändert sich und gerät zusehends außer Kontrolle.
5. Wie geht es mit der Menschheit weiter?

Die Welt befindet sich derzeit in Stadium 4. Die Erderwärmung nimmt immer mehr an Fahrt auf, die Treibhausgasemissionen sind so hoch wie nie. Und sie steigen weiter: Die Konzentration der Treibhausgase in der Atmosphäre ist mittlerweile so hoch, dass sich die Geografie der Erde verändert. Eis schmilzt und Wälder sterben, und das wiederum heizt die Erderwärmung weiter an.

In Stadium 4 gibt es drei Optionen:

1. Wir tun nichts und nehmen die Konsequenzen in Kauf.
2. Wir ergreifen radikale Maßnahmen.
3. Wir probieren Geoengineering.

Von diesen drei Optionen ist nur die zweite sinnvoll. Doch trotz der Gefahren unternimmt die Menschheit: nichts. Trotz der unzähligen internationalen Abkommen, der milliardenschweren Investitionen in erneuerbare Energien und der Abertausenden von Menschen, die demonstrierend durch die Straßen gezogen sind, ist der Klimawandel bedrohlicher als je zuvor.

Oberflächlich betrachtet sind die Treibhausgase das Hauptproblem. Doch sie sind bloß ein Symptom. Das zentrale Problem ist die menschliche Gesellschaft. Sie zieht es vor, die Klimaproblematik nicht zu lösen. Stattdessen stößt sie noch mehr Gase aus.

Und genau da, bei diesem Verhalten, müssen wir ansetzen. Die Welt muss mit dem Ausstoß dieser Gase aufhören und einen weniger destruktiven Weg wählen. Und hier gibt es eine gute Nachricht: Wenn die Menschheit nämlich bald damit aufhört, bleibt möglicherweise noch genug Zeit, um den fortschreitenden Klimawandel rasch genug zu bremsen und eine unkontrollierbare Kettenreaktion zu verhindern. Anders ausgedrückt: Der Klimawandel kann noch eingedämmt werden. Auch wenn die Auswirkungen dessen, was bereits geschehen ist, noch viele Jahrzehnte lang spürbar sein werden.

Die schlechte Nachricht ist, dass es für einfache Lösungen, die uns wenig abverlangen, bereits zu spät ist. Die Erdatmosphäre verändert sich rasch, und das hat für alle Lebensformen radikale Folgen, ganz gleich, welche Hebel wir jetzt in Bewegung setzen. Eine so tief greifende, dauerhafte Veränderung erfordert Maßnahmen in derselben Größenordnung. Andernfalls können wir es gleich bleiben lassen.

Die Menschheit hat bisher nichts Sinnvolles getan, da sie – wie ich noch erklären werde – aufgrund ihrer Weltsicht in der Gegenwart verhaftet ist. Das Erforderliche zu tun ist undenkbar für all jene, die nur aus der Gegenwart extrapolieren und sich weigern, eine Zukunft in Betracht zu ziehen, die anders ist als all das, was sie bis jetzt gekannt haben.

Wie die Menschheit von diesem Pfad der Selbstzerstörung abkommen kann, ist Gegenstand dieses Buches. Der erste Teil beschäftigt sich mit der Klimakrise. Er erklärt, was passieren wird, wenn sich nichts ändert. Der zweite Teil befasst sich damit, was die Menschheit daran hindert zu reagieren und Maßnahmen zu ergreifen. Der Hauptgrund liegt in den Glaubensgrundsätzen und Überzeugungen, die jegliches Handeln im langfristigen Interesse der Menschheit blockieren. Teil drei geht darauf ein, wie sich die menschliche Gesellschaft neu ausrichten kann. Der vierte und letzte Teil setzt sich mit den politischen Maßnahmen auseinander, die erforderlich sind, um die Erderwärmung zu verlangsamen.

Nach dem dritten sowie dem letzten Teil fließen jeweils zwei Essays von der Neurowissenschaftlerin und Professorin für Medienpsychologie Maren Urner und dem Physiker Felix Austen ein. Maren Urner ist Mitgründerin von Perspective Daily, dem ersten werbefreien Online-Magazin für Konstruktiven Journalismus. Felix Austen schreibt bei Perspective Daily zu den Themen Klima, Landwirtschaft, Energie und Umwelt.

Die beiden Essays »In 5 Jahren ist der Notstand der einzige Weg in Deutschland« und »Wie weit würdest du gehen, um dich zu retten?« sind bereits 2016 und 2017 in leicht geänderter Form bei Perspective Daily erschienen und wurden für dieses Buchprojekt aktualisiert. Sie zeigen weitere Perspektiven und Denkansätze auf, die es sich lohnt, zu Ende zu denken. Sie beleuchten das Thema Notstand mit allen Chancen und Gefahren.

Die letzten beiden Essays »Die Dinge werden sich ändern, ob durch Design oder Desaster« (Felix Austen) und »›Das geht nicht‹ ist ein schlechter Berater« (Maren Urner) wurden für dieses Buch verfasst und enden mit der Überzeugung, dass wir den Kampf gegen den Klimawandel nicht aufgeben dürfen – da dies einer Kapitulation gegenüber einer Zukunft der Menschheit gleichkäme.

Ich weise aber ausdrücklich darauf hin, dass wir den fortschreitenden Klimawandel nicht verhindern werden, indem wir in der westlichen Welt plötzlich alle vegan leben oder nicht mehr fliegen.

Zunächst also eine Erklärung des Klimaproblems, beginnend mit vier ziemlich schwer verdaulichen Fakten:

1. Der Klimawandel ist eine Krise, die wir uns selbst zuzuschreiben haben. Wenn es keine Menschen gäbe, gäbe es in der Geschichte der Erde keine globale Erwärmung. Das hat auch seine positive Seite: Wir Menschen sind fähig, unser Verhalten zu ändern und zu versuchen, Geschehenes wiedergutzumachen.

2. Wir können das, was jetzt geschieht, nicht innerhalb eines Zeitraums aufhalten, der für die meisten von uns vorstellbar ist. Wir können lediglich versuchen, das immer schnellere Tempo der Erwärmung zu bremsen und dafür zu sorgen, dass sie nicht vollends außer Kontrolle gerät.

3. Individuelle Veränderungen in der Lebensweise des Einzelnen bringen nicht viel. Müll zu trennen, weniger Flüge zu buchen und den Fleischkonsum zu reduzieren wird den aktuellen Kurs der Menschheit nicht messbar verändern. Auch wenn alle Bewohner Deutschlands, Österreichs und der Schweiz beschließen würden, so nachhaltig wie möglich zu leben, würde sich die Erde unaufhaltsam und immer schneller erwärmen.

4. Auch wenn das rasche Bevölkerungswachstum in den letzten 60 Jahren die Klimaproblematik verschärft hat, werden die größte Sorge der Menschheit in Zukunft die vielen Toten sein.

Dafür ist die Zeit viel zu weit fortgeschritten. Wir brauchen einen radikalen Wandel, der unser ganzes System verändert.

Und trotzdem – was hilft es, wenn die Menschen denken: »Ich allein kann ja eh nichts ändern.« Dieser Fatalismus darf nicht als Konsequenz daraus resultieren. Der Sinn dieses Buches ist vielmehr, Ihnen Hoffnung zu geben. Ja, wir können es schaffen, die Welt auch für unsere Kinder und deren Kinder in einer lebenswerten Form zu erhalten. Aber dazu müssen wir groß denken, nicht in Minischritten.

## Wie konnte es nur so weit kommen?

Wie konnte das alles geschehen? Die Antwort lautet: langsam, zumindest bis vor Kurzem. Viele Jahrhunderte lang waren es nur die Handlungen einer winzigen Minderheit von Menschen, die der Erde messbaren und dauerhaften Schaden zufügte. In den letzten 50 Jahren hat sich das Tempo der Zerstörung jedoch beschleunigt. Sie ist mittlerweile so weit fortgeschritten, dass das Überleben der Menschheit in einer auch nur annähernd ähnlichen Form wie heute unmöglich ist. Ohne ein radikales Umdenken läuft die Menschheit Gefahr, sich selbst und die meisten anderen Arten zu vernichten – und das vielleicht schon in den nächsten Jahrzehnten.

Diese menschengemachte Zerstörung nimmt viele Formen an. Zu den sichtbarsten gehört das Artensterben. Dieses liegt zurzeit beim 10.000-Fachen dessen, was der natürlichen Rate entspräche.[1] Millionen von Tieren, Pflanzen, Insekten, Fischen und Vögeln sterben jedes Jahr durch den Verlust ihres Lebensraums, durch Verschmutzung und Klimaveränderung – und dieses Artensterben nimmt immer weiter zu.

Laut den Vereinten Nationen sind mittlerweile »rund 1 Million Tier- und Pflanzenarten vom Aussterben bedroht, viele innerhalb von Jahrzehnten. Das ist mehr als je zuvor in der Geschichte der Menschheit. Die natürliche Vielfalt an einheimischen Arten ist in den meisten Festlandlebensräumen um mindestens 20 Prozent gesunken, großteils seit 1990. Mehr als 40 Prozent der Amphibienarten, knapp 33 Prozent aller riffbildenden Korallen sowie mehr als ein Drittel aller Meeressäugetiere sind vom Aussterben bedroht. Bei den Insektenarten ist das Bild weniger klar, der verfügbaren Datenlage zufolge sind tentativ geschätzt rund 10 Prozent bedroht. Mindestens 680 Wirbeltierarten sind (Stand 2016) seit dem 16. Jahrhundert ausgestorben, ebenso mehr als 9 Prozent aller domestizierten Säugetierrassen, die als Nahrungsmittel und in der Landwirtschaft eingesetzt werden, wobei mindestens 1.000 weitere Arten bedroht sind.«[2]

## Arten sterben immer schneller aus[3]

- Drei Viertel der Festlandsräume und rund 66 Prozent der Meere haben sich aufgrund menschlicher Aktivitäten signifikant verändert. In Gebieten, die sich im Besitz oder unter der Verwaltung indigener Völker und Gemeinschaften befinden, sind diese Entwicklungen im Schnitt weniger gravierend ausgefallen oder gar nicht erst aufgetreten.

- Mehr als ein Drittel der weltweiten Landfläche und knapp 75 Prozent der Süßwasserressourcen werden heute für Ackerbau oder Viehzucht genutzt.

- Der Wert der landwirtschaftlichen Produktion ist seit 1970 um rund 300 Prozent gestiegen. Die Rohholzernte hat sich um 45 Prozent erhöht, und rund 60 Milliarden Tonnen nachwachsende und nicht nachwachsende Rohstoffe werden heute jedes Jahr weltweit abgebaut – eine Zahl, die sich seit 1980 fast verdoppelt hat.

- 23 Prozent der globalen Landfläche haben aufgrund von Bodendegradation[4] an Produktivität verloren; jährliche Ernten im Wert von bis zu 577 Milliarden US-Dollar sind weltweit dadurch gefährdet, dass Nutzpflanzen ihre Bestäuber verlieren, und 100 bis 300 Millionen Menschen sind durch den Verlust von schützenden Küstenlebensräumen verstärkt Überschwemmungen und Wirbelstürmen ausgesetzt.

- 2015 waren 33 Prozent der Meeresfischbestände überfischt, 60 Prozent galten als an der maximalen Nachhaltigkeitsgrenze befischt, und nur 7 Prozent des Fischfangs erfolgten unter der Belastungsgrenze.

- Urbane Flächen haben sich seit 1992 mehr als verdoppelt.

## Ist das Artensterben ein Problem?

Ist das wichtig? Wissenschaftlern zufolge sind 99 Prozent aller Arten, die jemals auf der Erde gelebt haben, bereits ausgestorben. Man könnte das Artensterben daher durchaus als Teil eines natürlichen

Prozesses betrachten, wenn auch von menschlichem Handeln stark beschleunigt.

Tatsache ist außerdem, dass viele Arten in den letzten Jahrhunderten ausgestorben sind und sich für die Menschheit dadurch nicht viel verändert hat. Der Verlust des Dodos oder des Dunkelkopf-Blattspähers hatte für die Menschheit offenbar keine gröberen Konsequenzen. Dass die Anzahl der Tiger, Nashörner und Elefanten gesunken ist, scheint auch nicht viel verändert zu haben.

Die Frage, ob das Artensterben ein Problem darstellt, ist daher schwer zu beantworten. Mit Sicherheit finden die meisten Menschen, dass es moralisch nicht in Ordnung ist, wenn man das Ende so vieler anderer Arten verursacht. Andere Kreaturen haben ebenfalls ein Recht auf Leben, obgleich es auch dazu unterschiedliche Meinungen gibt. Manche sind der Ansicht, dass andere Arten weniger wichtig sind als der Mensch, und werden darin von einigen Religionen bestärkt.

Dennoch: Der Verlust so vieler Lebewesen ist tragisch für all jene, die deren Schönheit und Vielfalt und generell das Wunder schätzen, das die Erde nun mal ist.

Zudem ist die Frage der Abhängigkeiten der Arten untereinander zu bedenken. In der Natur gibt es Gesundheits- und Nahrungsketten, und wenn diese unterbrochen werden, kann dies weitreichende und unerwartete Konsequenzen haben. Tiger zu töten mag für uns Menschen nicht weiter von Belang erscheinen, da Tiger nicht zu unserer Gesundheits- und Nahrungskette gehören. Aber die Vernichtung von Bestäubern – was ebenfalls passiert – hat weitaus offensichtlichere Folgen. Ein Großteil der gesunden Nahrung für Menschen ist gänzlich abhängig vom Vorhandensein von Bienen, Schmetterlingen und anderen Bestäubern. Pflanzen anzubauen, ohne sie durch Tiere befruchten zu lassen, wäre sehr schwierig und auch kostspielig.

Ein weiterer Grund zur Vorsicht sind unvorhersehbare Konsequenzen. Wenn wir Tiere oder Insekten ausrotten oder aus ihren Lebensräumen vertreiben, steigt das Risiko der von Insekten oder Bakterien übertragenen Erkrankungen, die Menschen befallen oder die Nahrungsmittel, auf die wir angewiesen sind. Der Verlust mancher Arten, die für unwichtig gehalten werden, kann auch zum Aussterben anderer Arten führen, die wir Menschen mehr schätzen.

Wir sollten daher sehr vorsichtig sein, bevor wir in das Schicksal von Pflanzen und Tieren eingreifen. Dabei geht es gar nicht darum, dass Menschen sie verletzen oder töten oder in ihrer Existenz bedrohen. Gefährlich ist vielmehr, dass die Risiken unerwarteter Konsequenzen steigen, je mehr Arten verschwinden. Die Menschheit zerrüttet hochkomplexe Systeme der Natur, ein Gefüge aus ineinanderverwobenen Leben, und ihr ist nicht bewusst, was sie da anrichtet. Das ist sicher nicht klug.

*»Die Erde wird weiter bestehen,*
*nachdem wir uns selbst vernichtet haben.*
*Wenn wir uns nicht selbst vernichten wollen,*
*müssen wir etwas tun.*
*Trinkhalme sind für gewöhnlich nicht notwendig.*
*Plastiktragetaschen sind für gewöhnlich nicht notwendig.*
*Plastikverpackung, geschützt von Plastikverpackung,*
*ist definitiv nicht notwendig. Plastik hat seinen Platz und*
*seinen Nutzen im modernen Leben,*
*aber darüber sind wir schon weit hinaus.«*[5]

ANDREA SEE, BLOGGERIN UND WEBDESIGNERIN

Ein weiteres offensichtliches Zeichen für den Vandalismus des Menschen ist das Problem des Plastik- und Industriemülls. Laut demselben UN-Bericht hat sich »die Plastikverschmutzung seit 1980 verzehnfacht. [Heute] werden jährlich 300–400 Millionen Tonnen an Schwermetallen, Lösungsmitteln, Giftschlamm und sonstigen Abfallstoffen aus der Industrie in die Wassersysteme weltweit gekippt, und Düngemittel, die in küstennahe Ökosysteme gelangen, haben zu mehr als 400 ›toten Zonen‹ in den Weltmeeren geführt; das entspricht einer Fläche von insgesamt über 245.000 km$^2$ – größer als das gesamte Vereinigte Königreich.«[6]

Plastik ist nicht das einzige Problem. Es geht außerdem um das Nitrat, das aus der Landwirtschaft in Bäche, Flüsse, Seen und ins Grundwasser gelangt, um unbehandelten menschlichen Unrat, der in Flüssen landet, um das radioaktive Wasser aus dem Atomkraftwerk in Fukushima in Japan, um chemische Abfälle, die in Flussmündungen gepumpt werden, sowie um hormonhaltige, medikamentenhaltige und sonstige pharmazeutische Rückstände, die Tag für Tag ins Wasser gespült werden. So, wie das Artensterben zunimmt, steigt auch die Menge an menschengemachtem Müll, der in die Gewässer weltweit gekippt wird, immer weiter an. Gleichzeitig sinken die Grundwasserspiegel in einem noch nie dagewesenen Ausmaß, was zu Dürren und Migration von immer mehr Menschen führt.

Und das ist bloß der menschliche Vandalismus an den Wassersystemen der Erde – die Verschmutzung und die Abfälle, die nur *einen* der essenziellen Spender von Leben betreffen. Dazu kommen noch menschengemachte Probleme durch Bergbau, Energieproduktion und Urbanisierung, die häufig die Geografie unseres Planeten verändern. Berge werden abgetragen, um an die darunterliegenden Metalle und Mineralstoffe zu gelangen. Zur Stromerzeugung gebaute Dämme schaffen riesige Seen, manche schwer genug, um Erdbeben zu verursachen. Erdöl und Kohle werden aus so großen Tiefen geborgen, dass die Landschaften instabil oder verschmutzt werden. Flüsse werden umgeleitet, Auen überbaut und riesige Steinplatten zu Dekorationszwecken bewegt und poliert. Mit dem zunehmenden Bevölkerungswachstum und einer Verdopplung der Urbanisierung seit 1992[7] hat sich auch das Ausmaß dieser Aktivitäten immer weiter beschleunigt.

Die Regenwälder – die Lungen unseres Planeten – werden ebenfalls vernichtet, und trotz jahrelanger Bemühungen, diese Zerstörung aufzuhalten, ist das Ausmaß der Vernichtung von Naturflächen durch Brand- und sonstige Rodungen weiter gestiegen. Gleichzeitig haben Maßnahmen zur Senkung der Luftverschmutzung weitgehend versagt, auch wenn dieses Problem weniger sichtbar ist als früher. Die Partikel vieler Schadstoffe, die heutzutage ausgestoßen werden, sind mittlerweile so klein, dass das menschliche Auge sie nicht mehr wahrnehmen kann. Sie verursachen jedoch schwere Lungenschäden bei Menschen und anderen Säugetieren sowie viele andere Probleme. Laut Weltgesundheitsorganisation »atmen heute neun von zehn Personen verschmutzte Luft ein, was jährlich sieben Millionen Tote fordert«.[8] Die Luftverschmutzung gehört zu den bedeutendsten Todesursachen.

Ein zusätzliches Problem ist die Bodenerosion, die Zerstörung einer weiteren lebensnotwendigen Ressource sowie die nicht nachhaltige Gewinnung vieler knapper Güter. Teile des Planeten werden auch durch Kriege und bewaffnete Konflikte schwer in Mitleidenschaft gezogen und durch die Verwendung von Waffen, die gefährliche chemische Rückstände hinterlassen.

Obwohl sich all diese Probleme immer weiter verschärfen, schreitet die menschliche Entwicklung weiter voran. Die meisten Menschen leben heute besser als je zuvor in der Geschichte der

Menschheit. Zwar sterben Millionen an den Folgen der Umweltverschmutzung, doch die durchschnittliche Lebenserwartung steigt weiterhin. Dies verleitet so manche zu dem Argument, dass Zerstörungen einfach eine bedauerliche kurzfristige Nebenwirkung des Fortschritts seien, die man eben in Kauf nehmen müsse. Sie erkennen zwar, dass die Schädigungen immer stärker und immer mehr um sich greifen, doch diese Probleme könne man angehen, sobald die Armut beseitigt sei und jeder einen akzeptablen Lebensstandard genieße.

Dies ist jedoch nicht mehr realistisch. Das Ausmaß der menschengemachten Zerstörung ist mittlerweile so immens und nimmt so rasch zu, dass uns die Folgen überfordern. Das gilt ganz besonders für den Klimawandel, der das bei Weitem größte Umweltproblem von allen darstellt.

Wenn Sie mein Buch *Change!* gelesen haben, werden Ihnen die nächsten Seiten vielleicht bekannt vorkommen. Die Details wurden zwar aktualisiert und um neue Forschungserkenntnisse ergänzt, doch die Erklärungen, wie und warum sich das Klima verändert, sind verständlicherweise gleich geblieben. Für all jene, die nicht in die Daten und Details einsteigen möchten, präsentiere ich hier einen kurzen Überblick.

## DIE ECKPUNKTE DES KLIMAWANDELS

Die Erde erwärmt sich.

- Die Ursache dafür sind vor allem Gasemissionen aus der Verbrennung von fossilen Brennstoffen, moderne Praktiken in der Landwirtschaft, Entwaldungen, Rodungen und sonstige Landnutzungsänderungen.

- Diese Emissionen steigen weiterhin, und damit beschleunigt sich auch die Erwärmung.
- Unabhängig davon, was die Menschheit unternimmt, wird die Erwärmung viele Jahrzehnte hindurch weiter zunehmen.
- Wenn die Menschheit nicht aufhört, diese Gase zu produzieren, wird der Großteil der Erde letztlich unbewohnbar werden.

Die Durchschnittstemperatur auf der Erde steigt, und das immer schneller. Die Veränderung ist nicht natürlich. Ihre Hauptursache ist die Art und Weise, wie die wachsende Weltbevölkerung Energie und Nahrungsmittel produziert. Diese Aktivitäten verursachen Gase, bekannt als Treibhausgase, und zwar in größeren Mengen, als die Natur absorbieren kann. Viele der Gase verbleiben in der Atmosphäre, speichern einen Teil der Hitze aus der Sonneneinstrahlung und verursachen so eine Erwärmung der Erde.

Infolge steigender Temperaturen brechen einige natürliche Systeme zusammen. Der Permafrost in Kanada und Sibirien schmilzt, Gletscher verschwinden und Wälder sterben. Durch diese Veränderungen steigt die weltweite Durchschnittstemperatur noch mehr an.

Das Klimasystem reagiert jedoch nur langsam auf Veränderungen. Deshalb wird die Temperatur auch dann, wenn die Menschheit keine Emissionen mehr produziert, noch viele Jahre weiter steigen. Die Wetterextreme werden zunehmen und Menschen dazu zwingen, sich in wirtlichere Gegenden zu begeben, was in weiterer Folge zu politischer Instabilität führt.

Ohne Veränderungen wird die Welt in rund 12 bis 15 Jahren einen katastrophalen Kipppunkt erreichen. Wenn nicht genug unternommen wird, um dies zu verhindern, wird der Erwärmungsprozess nicht mehr aufzuhalten sein, und innerhalb weniger Jahrzehnte wird die Durchschnittstemperatur der Erde ihren höchsten Stand seit 10 Millionen Jahren erreicht haben. Sie wird auch danach noch weiter steigen und den Planeten weitgehend unbewohnbar machen.

Die Erdatmosphäre besteht überwiegend aus zwei Gasen: Stickstoff und Sauerstoff. Viele andere Gase in der Atmosphäre sind in so geringen Konzentrationen vorhanden, dass sie nur volumenmäßig in Teilen pro Million (parts per million, ppm) beziehungsweise in Teilen pro Milliarde (parts per billion, ppb) gemessen werden können. Einige dieser anderen Gase sind als Treibhausgase bekannt, weil sie die Hitze der Sonne absorbieren und die Erde erwärmen, ähnlich wie in einem Treibhaus. Ohne diesen natürlichen Treibhausgaseffekt läge die jährliche Durchschnittstemperatur auf der Erde unter null. Für viele Arten sind es daher diese Gase, die ein Leben auf der Erde erst möglich machen.

Am Ende der letzten Eiszeit, vor mehr als 11.500 Jahren, lag die durchschnittliche Temperatur auf der Erde bei rund 10 °C. Das sind 2 °C weniger als der langfristige Durchschnitt der letzten 800.000 Jahre. Die Fläche, auf der sich heute New York befindet, war von mehreren Kilometer dicken Eisschichten bedeckt.

Seit damals, in dem als Holozän bekannten Zeitalter, ist die Durchschnittstemperatur der Erde langsam gestiegen. Mehrere Jahrtausende lang, vor der Industriellen Revolution, lag der Durchschnitt bei rund 14 °C. Sie schwankte von Zeit zu Zeit, aber die meisten Veränderungen waren relativ kurzfristiger Natur und betrafen nicht den ganzen Planeten. Während der Wärmeperiode im Mittelalter zum Beispiel, als Trauben auf Grönland gediehen, lag die Gesamttemperatur der Erde weiterhin bei 14 °C. Nur die Nordhalbkugel erwärmte sich.

Während der letzten 100 Jahre ist die Temperatur weiter gestiegen. Diese Veränderung ist aus planetarer Sicht so rasant vonstattengegangen, dass sie, mangels einer natürlichen Erklärung wie etwa einem Vulkanausbruch, nur aus menschlicher Aktivität resultieren kann. Bisher ist die durchschnittliche Oberflächentemperatur um 1,1 °C auf 15,1 °C gestiegen, wobei dies schwankt. In manchen Regionen ist der Unterschied um ein Vielfaches größer. Ein Anstieg um 1,1 °C mag wenig erscheinen, bedeutet jedoch, dass der Planet jetzt wärmer ist als je zuvor in den letzten 800.000 Jahren.

Die wichtigsten Treibhausgase sind Kohlendioxid (CO2), Methan (CH4) und Distickstoffmonoxid beziehungsweise Lachgas (N2O). Zu den weiteren Treibhausgasen gehören die fluorierten Treibhausgase. Diese werden als Ersatzsubstanzen für die ozonschädigenden Gase verwendet, auf deren Ausstieg sich die Staatengemeinschaft in den 1980er-Jahren geeinigt hat.

Der Großteil des CO2 in der Atmosphäre kommt von den Meeren. CO2 wird aber ebenso produziert, wenn Tiere atmen, Pflanzen verrotten, Vulkane ausbrechen und auf diverse andere Arten. Es gibt auch natürliche CO2-Quellen. Sobald sich das CO2 in der Atmosphäre befindet, wird es mittels Fotosynthese wieder von Pflanzen und Wäldern absorbiert, ebenso von den Meeren. Das kann allerdings viele Jahrhunderte dauern.

Seit dem frühen 19. Jahrhundert ist der CO2-Gehalt in der Atmosphäre um knapp die Hälfte gestiegen, und das nahezu ausschließlich durch menschliches Zutun.[9] Über Hunderttausende von Jahren war die CO2-Konzentration in der Atmosphäre stabil bei rund 280 ppm.[10] In den letzten 200 Jahren ist sie auf 416 ppm gestiegen.[11] Derzeit nimmt sie um knapp über 3 ppm pro Jahr zu – fünfmal so schnell wie in den frühen 1960er-Jahren.

Der weitaus größte Anteil der CO2-Emissionen entfällt auf die Verbrennung von Kohle, Erdöl und Erdgas. Der überwiegende Rest wird in der Landwirtschaft sowie durch Rodungen, Entwaldung und andere Landnutzungsänderungen produziert. Eine weitere große Quelle ist die Zementproduktion.

Der Großteil des zusätzlichen CO2 verbleibt in der Atmosphäre, rund ein Viertel haben jedoch die Meere absorbiert und sind dadurch um fast ein Drittel saurer geworden.[12] Das ist zehnmal schneller als jede Veränderung in der chemischen Zusammensetzung der Meere in den letzten 50 Millionen Jahren.[13]

*»Menschliche Aktivitäten haben die natürliche CO2-Konzentration in unserer Atmosphäre erhöht und damit den natürlichen Treibhausgaseffekt der Erde verstärkt. So groß wie jetzt waren die atmosphärischen CO2-Mengen zuletzt vor über 3 Millionen Jahren, als die Temperatur 2 bis 3 °C höher war als im vorindustriellen Zeitalter und der Meeresspiegel um 15 bis 25 Meter höher lag als heute.«*[14]

Rebecca Lindsey, NOAA

Die hohen Säurewerte erschweren einigen Meeresorganismen die Extraktion des Kalziums, das sie für die Bildung ihrer Schalen und Skelette benötigen; dies betrifft vor allem Schalentiere, Korallen und bestimmte Planktonarten. Die Auswirkungen auf die Nahrungsketten in den Weltmeeren war bislang gering, werden voraussichtlich aber zunehmen.

Das zweitwichtigste Treibhausgas ist Methan. Methan entsteht auf natürliche Weise beim Zerfall von organischem Material und durch vulkanische Aktivität, wird aber auch aus Mülldeponien, von Nutzvieh beim Verdauen ihrer Nahrung und bei der Produktion von fossiler Energie freigesetzt. Zwar reichert sich Methan in viel geringeren Konzentrationen in der Atmosphäre an und verbleibt dort auch nur rund zehn Jahre, seine wärmende Treibhauswirkung ist aber bis zu 80-mal höher als die von Kohlendioxid.

Seit 1750 ist die Methankonzentration in der Atmosphäre um 160 Prozent gestiegen, von rund 720 ppb auf über 1.900 ppb.[15] Der Anteil von Methan in der Atmosphäre ist so hoch wie zuletzt vor 800.000 Jahren, wovon zwei Drittel auf menschengemachte Emissionen entfallen.

Seit 2014 sind die Methankonzentrationen deutlich gestiegen. Dies liegt vor allem daran, dass die Permafrostdecken im Norden Kanadas und in Sibirien aufzutauen beginnen[16] und einige der seit zigtausend Jahren im Eis eingeschlossenen Gase freisetzen. Zusätzlich zu großen Mengen an Methan werden auch große Mengen an $CO_2$ freigesetzt. Auf der sibirischen Halbinsel Jamal haben ausgetretene tödliche Anthrax-Sporen bereits lokale Rentierherden sowie einige Menschen infiziert. Über 650.000 Rentiere wurden 2018 geimpft, um eine Ausbreitung der Krankheit zu verhindern.

Die jüngste Zunahme der Methankonzentrationen wird teilweise auf die zunehmende Fracking-Praxis[17] zurückgeführt.[18]

Wachsende Viehzucht in Teilen Afrikas sowie höhere Emissionen aus Sümpfen und Feuchtgebieten in Sambia und Uganda, bedingt durch höhere Durchschnittstemperaturen in diesen Ländern, sind ebenfalls Ursachen für immer mehr Methan in der Atmosphäre.

Diese Veränderung ist deshalb besorgniserregend, da der Anstieg der Methankonzentrationen die Erderwärmung in einem Maß beschleunigen wird, das in den Klimamodellen bei den Pariser Klimagesprächen 2015 nicht vorhergesehen worden war und daher nicht berücksichtigt wurde.

Das dritte wesentliche Treibhausgas, Distickstoffmonoxid (N2O) beziehungsweise Lachgas, wird in der Landwirtschaft und Industrie sowie bei der Verbrennung fossiler Brennstoffe freigesetzt. Es hat den 300-fachen Wärmeeffekt von Kohlendioxid und verbleibt rund hundert Jahre in der Atmosphäre. Die N2O-Konzentration war 800.000 Jahre lang ziemlich stabil bei rund 260 ppb. In den letzten hundert Jahren ist die Konzentration um mehr als ein Drittel gestiegen; sie beträgt heute knapp über 330 ppb.[19]

Auch wenn die Menschheit ab morgen keine Treibhausgase mehr produzieren würde – wenn alle fossilen Brennstoffe verboten wären, die Rodungen aufhörten und viele moderne landwirtschaftliche Praktiken umgestellt werden würden: Deren Konzentration in der Atmosphäre würde dennoch weiter steigen. N2O würde weiter aus den in die Böden eingepflügten Düngemitteln, Methan aus den Mülldeponien, den schmelzenden Permafrostdecken und den zunehmend wärmeren Feuchtgebieten und CO2 mit dem Zerfall der Bäume in abgeholzten Wäldern und aus Waldbränden aufsteigen. Die klimatischen Auswirkungen der in den letzten Jahrzehnten ausgestoßenen Gase würden ebenfalls weiter zunehmen, bedingt durch Verzögerungen im atmosphärischen System.

Deshalb werden sich die Auswirkungen des Klimawandels auch dann weiter verschärfen, wenn die Menschheit keine Treibhausgase mehr freisetzt, und deshalb wird es sehr lange dauern, bis sich ein merklicher Effekt einstellt, nachdem die Menschheit radikale Veränderungen eingeführt hat.

## Wie spät es doch schon ist

Ein weiteres Problem ergibt sich aus den sogenannten Aerosolen – kleinen Schwebeteilchen in der Luft.[20] Aerosole sind eine Mischung aus winzigen festen oder flüssigen Partikeln, die für die Wolkenbildung eine wichtige Rolle spielen.[21] Sie steigen aus natürlichen Quellen auf, etwa durch verwehten Staub aus Wüsten oder trockenen Flussbetten, winzigen Salzpartikeln in der Meeresluft oder vulkanischer Asche. Sie entstehen aber auch durch menschliche Aktivitäten, aus Auspuffgasen, bei der Verbrennung von Kohle oder durch Schwefelemissionen insbesondere von Kreuzfahrtschiffen. Bei der Verbrennung von Regenwäldern und anderer Biomasse entwickeln sich ebenfalls Aerosolpartikel.

Die Aerosole verbleiben – je nach Größe, Emissionsort und chemischen Eigenschaften – tage- bis wochenlang in der Luft.

Seit Beginn der Industriellen Revolution ist die Gesamtmenge an atmosphärischen Staubpartikeln um rund 60 Prozent gestiegen.[22] Mit dramatischen Folgen für die menschliche Gesundheit weltweit: Die Feinstaubmenge wird mit vermehrten Herzerkrankungen, Lungenproblemen und Asthma in Zusammenhang gebracht, wobei Kinder und ältere Menschen in China, Indien und in weiten Teilen der armen Welt am schlimmsten betroffen sind.

Das Problem, das diese winzigen Partikel im Kontext des Klimawandels verursachen, ist ihre kühlende Wirkung.[23] Aerosole reduzieren die Temperatur des Planeten, da sie die Wolkendecke vergrößern, die die Sonnenstrahlen und Hitze in das Weltall zurückreflektiert. Anders ausgedrückt: Aerosole wirken der allgemeinen globalen Erwärmung entgegen. Die Erde erwärmt sich aufgrund von zunehmenden Treibhausgasemissionen, die Wirkung wird jedoch durch Aerosole reduziert.

Dies mag erst mal beruhigend klingen. Aber mit der Reduzierung der Treibhausgasemissionen würde auch ein drastischer Rückgang der Aerosolmengen einhergehen. Auch die Senkung der Emissionen aus Kohle, Erdöl, Erdgas und Kraftfahrzeugen würde die Feinstaubpartikel reduzieren. In anderen Worten: Mit der Senkung schädlicher Treibhausgase steigt die Temperatur der Erde, und zwar nicht bloß aufgrund von Verzögerungen im atmosphärischen System und anhaltenden Austritten aus Böden und Deponien, sondern auch, weil der kühlende Effekt dieser Aerosole teilweise wegfällt. Wenn man die Treibhausgasemissionen allerdings nicht reduziert, würde die Temperatur langfristig natürlich noch mehr steigen.

Die globalen Klimavorhersagen berücksichtigen die Effekte dieser Aerosole nicht. Inwieweit sich die Erde infolge des Aerosol-Rückgangs genau erwärmen wird, ist noch unklar. Klimawissenschaftler gehen jedoch davon aus, dass die Oberflächentemperaturen um weitere 0,5 °C steigen könnten; manche Schätzungen setzen den Anstieg sogar doppelt so hoch an.[24] Die Auswirkungen auf die Meere wären stärker, und die nördliche Halbkugel wäre am stärksten betroffen, sagen die Wissenschaftler.

Einfacher ausgedrückt: Wenn die Feinstaubniveaus sinken, erhöht sich die durchschnittliche Temperatur weltweit um mindestens 0,5 °C. Die heutige Ausgangssituation ist also nicht die, dass die Erdtemperatur um 1,1 °C steigt. Tatsächlich hat sich die Erde nämlich um mindestens 1,6 °C erwärmt, knapp ein Drittel davon wird aber durch Aerosole als Gegenspieler aufgehoben – jedoch nur, solange diese vorhanden sind. Genau genommen ist also die durchschnittliche Erderwärmung bereits höher als die 1,5 °C, die der Weltklimarat – das Intergovernmental Panel on Climate Change (IPCC) – für unbedenklich hält. Angesichts der Verzögerungen im System ist außerdem davon auszugehen, dass es für die Menschheit nahezu unmöglich sein wird, die Erwärmung um 2 °C zu verhindern, vor der uns das IPCC als kritischen Schwellenwert warnt. Wenn das stimmt, könnten wir gleich aufhören, an der Lösung des Problems zu arbeiten, da ohnehin alle Bemühungen vergeblich wären.

Zum Glück sind die Auswirkungen von Aerosolen noch nicht ausreichend erforscht, das heißt, ihr Effekt könnte auch geringer sein als derzeit angenommen. Wenn dies der Fall ist, könnten wir noch etwas tun. Aber wie viel Zeit bleibt uns noch?

Die Antwort lautet: rund 12 bis 15 Jahre (Stand 2019), obwohl auch das ein Best-Case-Szenario wäre und mit sehr großen Risiken einhergeht. Ein vernünftigerer Zeitrahmen wäre vermutlich rund halb so lang. Fest steht jedenfalls, dass es mit jedem Tag, den wir ungenutzt verstreichen lassen, immer schwieriger wird.

Wissenschaftler wissen das aufgrund von zwei Berechnungen. Zum einen wissen sie, dass eine Zunahme der weltweiten Durchschnittstemperatur um 2 °C unvermeidbar ist, sobald die Kohlendioxid-Konzentration in der Atmosphäre 450 ppm erreicht. 2019 betrug die Konzentration 416 ppm und nahm jährlich, exponentiell, um knapp über 3 ppm zu. Wenn sich das fortsetzt, würde die Marke von 450 ppm in den frühen 2030er-Jahren überschritten werden. Das bedeutet jedoch nicht, dass die Durchschnittstemperatur zu diesem Zeitpunkt um 2 °C höher sein wird als in der vorindustriellen Zeit. Das wäre erst rund 15 Jahre später der Fall, bedingt durch Verzögerungen im atmosphärischen System. Es bedeutet vielmehr, dass es ab Anfang der 2030er-Jahre nicht mehr möglich sein wird, den Anstieg der globalen Durchschnittstemperatur um 2 °C zu verhindern.

Die zweite Methode zur Berechnung des Risikos betrifft den CO2-Gesamtausstoß. Zwischen 1850 und 2018 hat die Menschheit knapp über 2.180 Gigatonnen (Gt) CO2 in die Atmosphäre abgegeben. Derzeit stoßen wir jährlich 37 Gt durch die Verbrennung von fossilen Brennstoffen aus, weitere 6 Gt kommen aus der Landwirtschaft und durch Landnutzungsänderungen hinzu. Um eine Temperaturzunahme von 2 °C zu vermeiden, müssen wir laut Berechnungen der Wissenschaftler unseren verbleibenden CO2-Ausstoß auf unter 680 Gt beschränken. Bei der derzeitigen Ausstoßrate bliebe der Menschheit damit nur mehr knapp über 15 Jahre Zeit (gerechnet ab 2019), um die Zunahme um 2 °C zu verhindern. Wenn die Emissionen weiter so steigen wie in 2018 und 2019, bleiben uns sogar rund 2 Jahre weniger.

Sogar dann bestünde laut IPCC aufgrund der bestehenden Ungewissheit rund um die komplexen atmosphärischen Rückkopplungsprozesse nur eine 66-prozentige Chance, dass wir unter der 2-Grad-Marke bleiben.[25]

Das heißt, auch wenn die Reduzierung der Aerosole nicht so gravierende Folgen hätte, wie derzeit angenommen, wird die Konzentration der Treibhausgase in der Atmosphäre Anfang bis Mitte der 2030er-Jahre einen kritischen Punkt erreichen,[26] sofern kein radikaler Kurswechsel erfolgt.

Ein Anstieg um 2 °C ist deshalb so gefährlich, weil damit letztendlich das gesamte arktische Eis sowie der Westantarktische Eisschild und der Großteil des grönländischen Eises wegschmelzen würde. (Die Schmelze wird zwar Jahrhunderte dauern, wäre jedoch nicht aufzuhalten.) Eis reflektiert Hitze. Weniger Eis bedeutet daher, dass die Erde mehr Sonnenenergie absorbiert. Die Meeresspiegel, die derzeit vor allem aufgrund der thermischen Ausdehnung steigen, würden mit dem Schmelzen der Eismassen an Land noch schneller steigen. Auch die riesigen Permafrostdecken Sibiriens und Kanadas würden rascher auftauen und dabei noch mehr Methan und CO2 freisetzen. Die Regenwälder würden austrocknen und sterben. Und all das würde die Erwärmung auf mindestens 3 °C bis zum Ende des Jahrhunderts beschleunigen, und danach auf noch mehr. Genau das wird jedoch bei Einhaltung des aktuellen Pariser Abkommens passieren. Paris löst das Problem daher ganz und gar nicht.

Eine Zunahme der globalen Durchschnittstemperatur um 2 °C würde eine Kettenreaktion auslösen, die nicht mehr aufzuhalten wäre. Schon die Erwärmung um 1,1 °C hat ernsthafte ökologische, gesellschaftliche und wirtschaftliche Konsequenzen verursacht. Eine weitere Erwärmung um 0,9 °C wird diese nicht einfach verdoppeln. Die Auswirkungen werden viel gravierender sein, und mit zusehends steigenden Temperaturen disproportional weiter zunehmen.

Als ich mein vorheriges Buch *Change!* schrieb, war es schwierig, die direkten Konsequenzen des Klimawandels so zu veranschaulichen, dass sie nicht bloß als Beispiele für sehr extreme Wetterereignisse abgetan werden konnten. In den letzten Jahren ist es – leider – leichter geworden, sie vor Augen zu führen.

## Dürren und Krankheiten

In der Sahelzone Westafrikas, wozu Mauretanien, Mali, Burkina Faso, Niger und der Tschad gehören, sind die Temperaturen bereits um 50 Prozent mehr gestiegen als im weltweiten Durchschnitt. Regen fällt unregelmäßiger, und die Regenzeiten sind insgesamt kürzer geworden. Millionen von Menschen mussten aufgrund von Hochwasser und Dürren ihre Heimat verlassen, mehr als 10 Prozent der Bevölkerung ist mittlerweile von akuter Ernährungsunsicherheit betroffen. Die Zahl der Toten aufgrund von bewaffneten Konflikten, die zum Teil eine Folge des Klimawandels sind, ist ebenfalls gestiegen.[27]

In Indien litten 2019 über 600 Millionen Menschen unter der anhaltenden Dürre, mehreren Städten ging das Wasser aus. In den frühen 2020er-Jahren werden über 20 indische Städte kein Grundwasser mehr haben, unter anderem Chennai und die Hauptstadt Neu-Delhi.[28] Im Jahr 2030 werden 40 Prozent der indischen Bevölkerung komplett ohne Wasserversorgung sein. Schwere und anhaltende Dürreperioden verursachen auch Probleme in großen Teilen Südafrikas, Mexikos, Australiens, Südostasiens und im Westen der USA.

Infolge der steigenden Temperaturen haben sich sogenannte »Vector-borne diseases« – von Insekten übertragene Krankheiten – ausgebreitet. In Sri Lanka hat sich das Auftreten von Denguefieber in den letzten 10 Jahren mehr als verdoppelt,[29] eine ähnliche Entwicklung ist in Südostasien, Südamerika, Afrika und dem restlichen indischen Subkontinent zu beobachten. Infektionen sind mittlerweile auch in der Trockenzeit häufiger geworden, so hat sich etwa die Zahl der Dengue-Fälle in der Vormonsunsaison in Bangladesch in den letzten 10 Jahren versiebenfacht. Seit den 1990er-Jahren kommt es sogar in Singapur zu Dengue-Epidemien von zunehmender Frequenz und Größenordnung,[30] trotz der verstärkten Verwendung von Pestiziden und eines gestiegenen Problembewusstseins der Bevölkerung.

Laut Weltgesundheitsorganisation ist derzeit die halbe Weltbevölkerung Dengue-gefährdet, ganz besonders jedoch der Südosten der USA, die Küstengebiete Chinas und Japans und Binnenregionen Australiens.[31] Seit 2010 ist die Anzahl der Dengue-Fälle weltweit um über 8 Prozent pro Jahr gestiegen.

Auch die Lyme-Borreliose greift immer mehr um sich: Deren Häufigkeit hat sich in den letzten 20 Jahren[32] in den USA und Europa mehr als verdoppelt, bedingt durch das wärmere Klima und die damit gedeihlicheren Bedingungen für die Zecken, die diese Krankheit übertragen.[33] Die vom West-Nil-Virus sowie von Vibrio-Bakterien übertragenen Krankheiten sind ebenfalls deutlich gestiegen.[34]

## Eisschmelze

Zwischen 2003 und 2012 hat sich die Eisschmelze in der Arktis vervierfacht[35] und ist jetzt so groß wie noch nie seit Beginn der Aufzeichnungen. An seinem tiefsten Punkt, jeden Herbst, ist die Eisdecke nun um 20 Prozent[36] geringer als im Durchschnitt der letzten 40 Jahre. In Grönland war die Eisschmelze 2019 so stark wie im Worst-Case-Szenario des IPCC[37] für 2070, sie hat sich gegenüber 1990 versiebenfacht.[38] Zwar wird es noch viele Jahrhunderte dauern, bis das restliche Eis geschmolzen ist, doch allein das in diesen Eismassen enthaltene Wasser würde die Meeresspiegel weltweit um 8 Meter steigen lassen.

In der Antarktis ist zwar weniger Eis verloren gegangen, aber auch hier geht die Schmelze immer schneller vonstatten. Zwischen 1979 und 1990 büßte der Kontinent jährlich 40 Milliarden Tonnen Eis ein. Seit 2009 schmelzen über 250 Milliarden Tonnen pro Jahr weg – sechsmal so viel wie zuvor.[39]

Aktuellen Prognosen zufolge werden die Meeresspiegel bis zum Ende des Jahrhunderts um knapp über einen Meter ansteigen. 600 Millionen Menschen[40] werden dadurch Bangladesch, Vietnam, das chinesische Perlflussdelta, Jakarta, New York, Miami, London, die Niederlande, Shanghai und viele andere Gebiete verlassen müssen.

Bis 2050 wird voraussichtlich die Hälfte davon bereits vertrieben worden sein.

Veränderungen im Atlantik haben dazu geführt, dass manche Fischbestände aus den Küstengewässern Islands verschwunden sind. Durch die Schmelze der schweren Gletscher auf der Insel hat sich auch die Landmasse gehoben – Abwasserrohre haben sich dadurch verbogen und verkantet, und Fischkutter können einen der Häfen nicht mehr anlaufen. Da nun weniger Eis die Insel kühlt, wird es nach Ansicht von Wissenschaftlern zu vermehrten Vulkanausbrüchen kommen.

Die Wassermassen, die von den schmelzenden Gletschern in den Nordatlantik fließen, verlangsamen zudem das Strömungssystem[41], das für die Erwärmung Nordeuropas sorgt. Auch das wird 50 bis 100 Jahre früher als von Wissenschaftlern erwartet eintreten. Das System zirkuliert jetzt bereits 15 Prozent langsamer als vor 50 Jahren[42] – so langsam, wie dies seit 1.600 Jahren nicht mehr der Fall war.[43] Kurzfristig bedeutet dies, dass das Meer weniger Hitze speichern wird. Europa sowie der Süden und Osten der USA werden wärmer werden.[44] Langfristig könnten, wenn weniger Wärme aus der Karibik nordwärts strömt, die Temperaturen in weiten Teilen Europas sinken, auch wenn die globalen Jahresmitteltemperaturen weiter steigen. Auch andernorts könnte es zu schweren Störungen in den Hitzemustern kommen, spielt doch die Atlantikströmung eine entscheidende Rolle im Strömungssystem zur Erwärmung und Kühlung der Erde.

## Waldbrände

In vielen Ländern hat die Häufigkeit von Waldbränden zugenommen, insbesondere in den USA, Australien, Europa, dem Libanon, der Mongolei, Kanada und Nordrussland. Mehr Waldbrände gibt es auch im Kongo, in Brasilien, Indonesien, Angola und Sambia, wobei diese oftmals vorsätzlich zur Rodung von Land gelegt werden. Alle tragen jedoch zur Klimaproblematik bei, da sie noch mehr CO2 produzieren.

In den USA kostet die Bekämpfung der Waldbrände mittlerweile bereits über 3 Milliarden US-Dollar jährlich, 13-mal mehr als 1985.[45] Laut US-Handelsministerium schlagen die indirekten Kosten[46] mit weiteren 71 bis 348 Milliarden US-Dollar jährlich zu Buche.[47] Die abgebrannten Gebiete sind heute fünfmal so groß wie in den frühen 1980er-Jahren,[48] die Dauer der jährlichen Waldbrandsaison hat sich um 78 Tage verlängert.

Um innerstädtische Temperaturen zu senken, haben Behörden in Los Angeles begonnen, Straßen weiß zu streichen, damit sie mehr Hitze reflektieren. In New York hat die Stadt aus demselben Grund über 850.000 $m^2$ Dachflächen weiß gestrichen. Die Effektivität dieser Praxis ist allerdings umstritten – manche Wissenschaftler sind der Ansicht, dies verschlimmere das Klimaproblem sogar, da die reflektierte Hitze in den atmosphärischen Aerosolen gespeichert werde.[49]

Durch eine beispiellose Serie von Bränden im Norden Russlands sowie in Alaska, Grönland und Kanada gelangten im Sommer 2019 über 200 Megatonnen (1.000 Megatonnen = 1 Gigatonne) CO2 in die Atmosphäre, weit mehr, als in der Region je verzeichnet wurde.[50] In Alaska hat sich die abgebrannte Waldfläche seit dem Jahr 2000 mehr als verdoppelt.[51] Weitere 200 Megatonnen CO2 wurden 2019 mit den brasilianischen Regenwaldbränden freigesetzt. Durch die Buschfeuer in Australien Ende 2019 sind noch vor dem Jahresende weitere 250 Megatonnen CO2 in die Atmosphäre gelangt, und noch mehr kommt in den ersten Monaten des Jahres 2020 hinzu. In den Regenwäldern Indonesiens und der Republik

Kongo haben ebenfalls verheerende Brände gewütet, die in manchen Gegenden den darunterliegenden Torf entzündet haben. Die Emissionen Indonesiens waren in manchen Jahren fast dreimal so hoch wie in Deutschland, obwohl die deutsche Wirtschaft viermal so groß ist.

Waldbrände setzen nicht nur CO2 frei und beschleunigen die globale Erwärmung, es fallen dadurch auch wertvolle CO2-Speicher weg. In der Arktis legt sich Ruß von den Bränden auf das noch verbleibende Eis. Das reduziert dessen Abstrahlungswirkung und erhöht die globalen Temperaturen noch mehr.

## Steigende finanzielle Kosten

Die finanziellen Kosten des Klimawandels nehmen zu. Die Versicherungsbranche stuft den Klimawandel als ihr größtes Risiko ein,[52] noch vor Cyberkriminalität, Terrorismus und finanzieller Instabilität. Die Kosten in Verbindung mit Hurrikanen, Waldbränden und Hochwasser sind heute bereits dreimal so hoch wie vor 30 Jahren. In der Vergangenheit haben Versicherungsgesellschaften historische Verlustdaten zur Bepreisung ihrer Versicherungsrisiken herangezogen; immer raschere Klimaveränderungen bedeuten jedoch, dass Prognosen zu zukünftigen Verlusten viel schwieriger geworden sind.

Laut Insurance Europe[53] werden steigende Versicherungskosten dazu führen, dass es für viele Menschen zusehends schwieriger werden wird, »den finanziellen Schutz zu finden, den moderne Gesellschaften benötigen, um zu funktionieren«. Die Prämien steigen in Teilen Deutschlands, Österreichs, Frankreichs, Südwestitaliens sowie im Mittleren Westen der USA. Auch in Kalifornien sind sie gestiegen – hier haben sich die wetterbedingten Versicherungsschäden seit 2000 auf mittlerweile über 20 Milliarden US-Dollar jährlich vervierfacht. Eine weitere Sorge, die den Versicherungsgesellschaften sowie Pensionsfonds und anderen Investmentfirmen zu schaffen macht, ist die rechtliche Haftung, falls sie in ihren Portfolios die Auswirkungen des Klimawandels nicht ausreichend berücksichtigen.

## Land-, Fischerei- und Forstwirtschaft

Obwohl die Ernteerträge in manchen Ländern gestiegen sind, etwa in Nordeuropa, Russland und Kanada, und es dort sogar möglich geworden ist, Obst und Gemüse anzubauen, das in diesen Regionen früher nicht anbaubar war, ist das Klima in manchen anderen Regionen unvorhersehbarer, und beständige Ernten sind damit schwieriger geworden. In weiten Teilen der Welt sinken die Weizenerträge um knapp 1 Prozent jährlich,[54] und die Erträge im Obstanbau schwanken viel stärker als früher, wobei die Litschi- und Mangoernte in einigen Ländern drastisch gesunken ist. In manchen Regionen fällt auch die Reisernte immer geringer aus. In China sind die Ernteerträge bei Mais und Sojabohnen rückläufig.

In Italien, Griechenland, Frankreich und Portugal sind die Ernteerträge bei Oliven gesunken, und die Bäume sind aufgrund höherer Temperaturen anfälliger für Insektenbefall und Krankheiten. Im Süden Portugals haben manche Farmer aufgrund von Wassermangel ihre Viehzucht eingestellt und experimentieren stattdessen mit Kakteen als Schattenspender für Kräuter.

In Mitteleuropa und im Westen der USA sind viele Bäume krank oder sterben aufgrund von weniger Sommerregen, häufigeren Winterstürmen und Insektenbefall.[55] Dadurch verändert sich sowohl das Landschaftsbild als auch das ökologische Gleichgewicht. Bis vor Kurzem absorbierten die Bäume in Deutschland bis zu 7 Prozent der CO2-Emissionen des Landes. Wenn diese sterben, setzen sie das von ihnen gespeicherte CO2 frei und tragen damit zur Luftverschmutzung bei. Geringere Regenfälle haben außerdem dazu geführt, dass der Frachtverkehr auf dem Rhein aufgrund der niedrigen Pegelstände zwischendurch eingeschränkt werden musste. Die Transportkosten für manche Massengüter sind dadurch gestiegen und die Auslastungen von Fabriken gesunken.

Auch der Weinanbau ist in vielen Teilen der Welt schwieriger geworden: Bedingt durch frühsommerliche Hitzewellen und weniger Niederschläge reifen die Trauben zu rasch. Dadurch steigt zwar deren Alkoholgehalt, es können sich jedoch keine komplexeren Geschmacksnoten entwickeln. Trauben, die früher im November gepflückt wurden, werden jetzt im September geerntet.

In Nordspanien führte Spätfrost gefolgt von Dürre[56] in 2018 zu einer um 60 Prozent geringeren Traubenproduktion. Viele Weinbauern in anderen Teilen Europas haben ebenfalls mit geringeren Ernteerträgen zu kämpfen. In manchen Gebieten haben sie mit dem Anbau anderer Traubensorten an weniger exponierten Hängen begonnen, in der Hoffnung, mit diesen Maßnahmen den steigenden Temperaturen begegnen zu können. In Australien und Südafrika[57] sind manche Weinberge aufgrund langer Dürren stillgelegt worden, und Obstgärten ebenso. In Kalifornien werden die Auswirkungen von Waldbränden zusammen mit den Wasserwirtschaftszielen des Bundesstaats dazu führen, dass landwirtschaftliche Nutzflächen in einer Größenordnung von über 215.000 Hektar stillgelegt werden.[58]

Im indischen Bundesstaat Himachal Pradesh, wo die durchschnittliche Mindesttemperatur in den letzten 50 Jahren um knapp 3 °C gestiegen ist,[59] zieht es die Bauern nach oben. Ein Drittel der Bevölkerung in der Region ist für ihren Lebensunterhalt auf den

Apfelanbau angewiesen, und so verlegen die Bauern ihre Obstgärten in höhere Lagen mit den für die Äpfel erforderlichen kühleren Temperaturen.

Für die 56 Millionen Menschen, die weltweit vom Fischfang leben, hat der Klimawandel ebenfalls enorme Auswirkungen – in manchen Regionen gehen die Fischbestände aufgrund der zunehmenden Erwärmung der Meere um über ein Drittel zurück.[60]

## Tourismus

In Griechenland und mehreren anderen Ländern bedroht der Klimawandel alte Kulturdenkmäler. Die Luftverschmutzung und der saure Regen setzen dem Gestein zu, während Dürren und sintflutartige Regenfälle zu statischen Problemen in der Baustruktur der antiken Mauern und Tempel geführt haben. Die Hitze ist an sich schon ein Problem, manche Stätten sind für Touristen geschlossen, wenn es zu heiß ist.

Das Korallensterben am Great Barrier Reef hat ebenfalls zu einem »dramatischen« Rückgang der Touristenzahlen geführt.[61]

Viele Berggipfel weltweit bröckeln zusehends, da das Eis, das sie zusammenhält, schmilzt und es dadurch vermehrt zu Lawinen sowie zu Steinschlägen und Bergstürzen kommt. 2015 stürzte ein turmgroßer Felsbrocken von der Eiger-Ostwand. Viele alpine Wander- und Kletterrouten gelten bereits als zu gefährlich, insbesondere im Sommer, und wurden aus Wanderführern herausgenommen. Von den »100 schönsten Routen«, die in einem beliebten Bergsteigerbuch von 1973 beschrieben werden, sind 26 vom Klimawandel »stark betroffen«,[62] drei gibt es gar nicht mehr. Da der Permafrost in der Schweiz schneller taut als je zuvor, werden viele weitere Routen bald nicht mehr passierbar sein, und manche lokale Bergführer gehen davon aus, dass sie ihren Beruf in 10 Jahren an den Nagel hängen müssen. Alpenmurmeltiere wachen jetzt früher aus ihrem Winterschlaf auf, finden aber kein Futter und sterben.

Das Basislager des Mount Everest, das früher bis in den Mai hinein vereist war, führt nun Wasser bereits im April. Weiter oben wird oft nur mehr nachts geklettert, um der Lawinengefahr zu entgehen, die bei den wärmeren Tagestemperaturen droht. Am Kilimandscharo ist es schwieriger geworden, die Kletterer mit Wasser zu versorgen. In der Vergangenheit fand man leicht Wasser in den Bächen und Flüssen, die von den Gletschern herunterflossen. Jetzt müssen Träger auf der Suche nach Wasser oft bis zu einer Stunde Wegzeit in Kauf nehmen.

## Depressionen und Gewalt

Der Klimawandel zieht auch viele weniger offensichtliche Folgen nach sich. Steigende Temperaturen führen zu höheren Selbstmordraten, mehr Selbstverletzungen und mehr Gewalt.[63] Psychische Probleme nehmen zu, wobei deren Zunahme auch mit höherer Luftfeuchtigkeit in Verbindung gebracht wird.[64] Das Phänomen der »Klimatrauer« – wenn Menschen angesichts dessen, was mit der Erde passiert und wie die Natur zerstört wird, Depressionen, Ängste, Wut- und Erschöpfungszustände entwickeln – nimmt immer mehr zu. (Dass ich mit diesem Buch nun auch dazu beitrage, bedaure ich sehr. Noch mehr bedaure ich jedoch, dass es notwendig geworden ist, es zu tun.)

In Zukunft wird voraussichtlich auch die Anzahl der bewaffneten Konflikte zunehmen,[65] wenn Menschen um Zugang zu Nahrung, Unterkunft, Land und Wasser kämpfen.

# Schafft sich die Menschheit selbst ab?

Wenn sich nichts ändert, wird das, was derzeit noch mit zunehmender Besorgnis wahrgenommen wird, zu einer großen Gefahr. Viele Flüsse und Wasserwege werden nicht mehr befahrbar sein. Gletscher werden verschwinden und Skigebiete geschlossen werden. Immer mehr Berggipfel werden auseinanderbrechen. Die menschliche Lebenserwartung wird in manchen Ländern sinken, und viele Millionen Tiere, Vögel, Insekten und Fische werden sterben. Es wird in Gegenden schneien, die noch nie Schnee gesehen haben, und Winde werden zerstörende Kräfte in noch nie erlebter Stärke entfalten. Die Regenwälder werden nach und nach austrocknen und sterben. Dennoch wird der menschliche Wortschatz von Wörtern wie »Anpassung« dominiert sein, und nur wenige werden zugeben, dass dies im Klartext »Verzögerung« bedeutet. Die Menschheit kann sich nicht an eine Erwärmung um 3 °C »anpassen«, dabei ist genau das bis zum Ende des Jahrhunderts zu erwarten, wenn keine radikalen Maßnahmen getroffen werden.

All jene, die mehr »Resilienz« in Anbetracht des Klimawandels fordern, verstehen ebenfalls nicht, was wirklich passiert. Die Herausforderungen, auf die es zu reagieren gilt, werden nicht enden. Jene Weinbauern in Spanien, Frankreich und Italien, die andere Rebstöcke ansetzen, in der Hoffnung, dass sie in 50 Jahren Wein produzieren können, verstehen nicht, dass ihnen das höchstens Ernten für ein weiteres Jahrzehnt einbringt.

Die Menschheit wird sich auch bald nicht mehr wegen der 1,2 Milliarden Geburten sorgen müssen, die für die nächsten 10 Jahre erwartet werden, sondern stattdessen um die vielen Toten. Wasserknappheit, Überschwemmungen, Brände und Hungersnöte werden in den kommenden Jahren immer mehr Menschenleben fordern. Die Weltbevölkerung wird daher nie die 10 oder 11 Milliarden erreichen, die von den Vereinten Nationen einst prognostiziert wurden. Tatsächlich wird sie auf nicht viel mehr als 8 Milliarden[66] anwachsen, bevor sie langsam wieder zu schrumpfen beginnt.

## Die technologische Lösung, die keine ist

Gibt es keine technologische Lösung zur Abwendung der Katastrophe? Diese Frage wird mir oft gestellt. Die Antwort ist leider: nein.

Innovationen und neue Technologien werden in den kommenden Jahren definitiv nützlich sein, insbesondere was die Befreiung der Atmosphäre vom Übermaß an Treibhausgasen betrifft. Laut der Internationalen Energieagentur müssen in den nächsten 30 Jahren 3.000 Anlagen zur Abscheidung und Speicherung von Kohlendioxid (sogenannte »Carbon Capture and Storage«- oder CCS-Anlagen) errichtet[67] und anschließend viele Jahrzehnte lang unter Volllast betrieben werden. Wie genau das zu bewerkstelligen wäre und wer das bezahlen soll, ist allerdings noch nicht geklärt. Auch muss noch ein Weg gefunden werden, um das abgeschiedene Kohlendioxid so zu speichern, dass es nicht wieder in die Atmosphäre gelangt.

Eine technologisch weniger komplizierte Möglichkeit zur Reduzierung des CO2 besteht natürlich darin, Bäume zu pflanzen. Dies ist jedoch gar nicht so hilfreich, wie es zunächst erscheinen mag. Das Problem ist nämlich nicht nur die schiere Anzahl an Bäumen, die dazu nötig wären (allein für die USA wären mehr als 500 Milliarden Bäume erforderlich),[68] und wie lange sie wachsen müssten, bis sie überhaupt eine Wirkung entfalten würden, sondern die Tatsache, dass Bäume nur temporäre CO2-Speicher sind. Bäume sterben irgendwann und setzen ihr gespeichertes CO2 wieder frei. Ein weiteres Problem besteht darin, dass der Klimawandel für viele

Bäume Stress bedeutet und ihr Leben verkürzt. Außerdem befreien sie die Atmosphäre nicht von anderen Treibhausgasen.

Bäume haben noch einen weiteren Nachteil, wie Menschen in weiten Teilen der Welt in jüngster Zeit leidvoll erfahren haben: Aufgrund von weniger Regenfällen und steigenden Temperaturen geraten sie leicht in Brand. Dabei setzen sie das in ihnen enthaltene $CO_2$ frei und verstärken die atmosphärische Klimabelastung noch mehr.

Die radikalste technologische Option, die bisher vorgeschlagen wurde, ist Geoengineering. Statt die Produktion von Treibhausgasen zu stoppen, könnte die Menschheit doch versuchen, durch Veränderungen der Erdatmosphäre die Erderwärmung und damit den Klimawandel zu bremsen. Hunderte Spezialflugzeuge könnten in Dauereinsätzen riesige Mengen an Aerosolen freisetzen. Wenn die Konzentration dieser Partikel richtig dosiert werden würde, könnte man nach Ansicht von Wissenschaftlern die gleichen Effekte erzielen wie große Vulkanausbrüche oder ein nuklearer Winter. Man könnte so die Erdoberfläche abkühlen.

In einer nicht allzu fernen Zukunft, wenn viele Menschen sterben, könnte sich dies vermutlich als gute Idee darstellen. Aber Geoengineering ist ein verzweifelter und sehr riskanter Schritt. Eine der größten Schwierigkeiten liegt darin, die chemische Zusammensetzung genau richtig hinzubekommen. Die Atmosphäre ist ein hochkomplexes und fein abgestimmtes System, und die Wissenschaftler werden die Folgen solcher Maßnahmen womöglich nicht mit der nötigen Präzision abschätzen können. Und auch wenn es ihnen gelänge: Sollten sie jemals aufhören, künstliche Niederschläge durch chemische »Wolkenimpfung« zu erzeugen, würde sich die Erde zehnmal schneller aufheizen als derzeit.[69] Sogar wenn sie dieses Problem in den Griff bekämen und Partikel dauerhaft freisetzen und deren Wirkung aufrechterhalten könnten, bestünde immer noch das Risiko, dass die Meere und der Großteil der Pflanzenwelt durch die dabei verursachte Verschmutzung sterben würden.

Geoengineering wird mit allergrößter Wahrscheinlichkeit das Problem nur noch schlimmer machen. Was aber die Menschheit möglicherweise nicht davon abhalten wird, es zu probieren.

Tatsache ist, auch wenn dies schwer zu akzeptieren sein mag, dass es für das menschengemachte Klimaproblem keine einfache Lösung gibt. Wir haben die Wahl, nichts zu tun und die weitreichenden Konsequenzen in Kauf zu nehmen, oder radikale Maßnahmen zu ergreifen, um so rasch wie möglich die Treibhausgasproduktion zu stoppen. Doch die Zeit, die uns für radikale Maßnahmen bleibt, läuft uns davon.

## Teil 2

# WORAN LIEGT ES, DASS SICH NICHTS ÄNDERT?

Warum hat die Menschheit immer noch nicht ausreichend auf diese existenzielle Krise reagiert? Es gibt jede Menge Zahlen, Daten und Berichte, die erklären, was da passiert. Unzählige Warnungen haben uns die Dringlichkeit vor Augen geführt. Zahllose Bücher, Dokumentarfilme und Artikel schildern in nachdrücklichen Worten und Bildern, was los ist. Die menschlichen und wirtschaftlichen Folgen des Klimawandels werden inzwischen immer deutlicher sichtbar. Und dennoch: Trotz der Investitionen in erneuerbare Energien, vieler internationaler Konferenzen und immer mehr Demonstrationen auf den Straßen nimmt die Erderwärmung immer mehr an Fahrt auf.

Einer der Gründe dafür, dass die Menschheit noch nicht das Nötige getan hat, ist ihre Unsicherheit: Was genau soll sie denn tun?

Widersprüchliche Empfehlungen der Politik, verbunden mit Zweifel und Skepsis, wie sie von emsigen Klimaleugnern gestreut werden, haben Verwirrung gestiftet. Ein weiterer Grund ist die Angst vor den Folgen von Veränderungen. Es liegt in der Natur des Menschen, große gesellschaftliche Veränderungen zu scheuen. In Fragen des Klimawandels befürchten viele – zu Recht –, dass die Veränderungen, die erforderlich sind, um die Erderwärmung zu bremsen, ihren Lebensstandard beeinträchtigen werden. Viele ziehen es auch vor, die Warnungen zu ignorieren, weil der Klimawandel sie persönlich noch nicht betroffen hat. Andere fühlen sich machtlos. Die Herausforderung ist einfach zu groß, um sich ernsthaft damit auseinanderzusetzen.

Doch keiner dieser Gründe ist eine ausreichende Erklärung dafür, warum die Menschheit so zaudert. Es ist der menschlichen Natur zu eigen, auf Gefahr zu reagieren, und die Menschheit hat in der Vergangenheit oftmals schon Ängste vor großen Veränderungen überwunden, sogar dann, wenn dies mit gesellschaftlichem Chaos einherging. Sonst hätte es in der Geschichte der Menschheit keine Revolutionen gegeben.

Der vielleicht wichtigste Grund für das Ausbleiben ausreichender Reaktionen ist der, dass die meisten Menschen – insbesondere die meisten regierenden Politiker – dazu gebracht worden sind, an Weltanschauungen zu glauben, die radikale Veränderungen blockieren. Das vorherrschende Glaubenssystem ist es, das Veränderungen verhindert, viel mehr noch als jeglicher Mangel an Verständnis für das, was derzeit mit der Erde passiert, oder jegliche Angst vor den Folgen von Veränderungen.

Menschen sehen die Welt nicht immer auf die gleiche Weise. Verschiedene Generationen haben unterschiedliche Vorstellungen davon, was ihnen als wahr erscheint und was ihnen wichtig ist. Bis vor wenigen Jahrhunderten hatte die Religion im Großteil der Welt den größten Einfluss auf unser Denken. Die Glaubensanschauungen der Kirche, verbunden mit der Weisheit früherer Philosophen und Herrscher, sowie das Wissen, die Ängste und der Aberglaube früherer Generationen formten das Bild, das die meisten Menschen von der Welt hatten. Viele Jahrhunderte hindurch glaubten die meisten Europäer, dass Gott die Erde erschaffen habe, dass Kaiser und Könige Herrscher von Gottes Gnaden seien und dass die Erde eine Scheibe sei.

Zwar hat jeder Mensch seine eigene Vorstellung davon, was er oder sie persönlich für wahr und wichtig hält, doch gibt es auch immer eine vorherrschende kollektive Überzeugung, eine kulturell bedingte Weltanschauung in der Gruppe. Wie diese Gruppen die Welt sehen, ist jedoch nicht immer richtig, und diese kollektiven Vorstellungen können Gesellschaften mitunter dazu verleiten, Dinge zu tun, die sie nicht tun sollten. Kriege zu führen, zum Beispiel.

## Der übermächtige Glaube an irrige Anschauungen

Es sind diese irrigen Anschauungen, die die Menschheit daran hindern, auf den Klimawandel zu reagieren. Am meisten hinderlich ist dabei jene Auffassung, dass kurzfristige persönliche Vorteile wichtiger seien als die langfristigen Bedürfnisse der Natur und der Menschheit.

Die Vorstellungen, die das heutige Denken dominieren, sind nicht mehr von Religionen bestimmt. Sie werden von zahlreichen verschiedenen Quellen geprägt. Eine davon ist die Volkswirtschaftslehre (Ökonomie). Es sind die Ideen und Anschauungen von Ökonomen – Wirtschaftstheoretikern –, die weitgehend bestimmen, was die Menschheit heute für wahr und wichtig hält und wie Menschen mit der Natur umgehen. Die Volkswirtschaftslehre hat auch einen starken Einfluss auf die gesellschaftliche Entwicklung und bestimmt viele individuelle Verhaltensregeln. Diese Anschauungen sind es, die sinnvolle Maßnahmen zur Eindämmung des voranschreitenden Klimawandels nahezu unmöglich gemacht haben.

Die Wirtschaftslehre ist keine Naturwissenschaft, auch wenn manche Experten sich das wünschen würden. Sie ist ein Glaubenssystem, eher wie eine Religion, aber ohne die philosophischen Grundpfeiler. Im Gegensatz zu den Naturwissenschaften gibt es in der Wirtschaftslehre keine beweisbaren Konzepte oder Theorien. Wenn ein Chemiker Wasserstoff und Sauerstoff in den richtigen Mengenverhältnissen mischt, entsteht Wasser. Wenn er den Vorgang wiederholt, entsteht noch mehr Wasser. Wirtschaft funktioniert so aber nicht. Es gibt keine fixen Ursachen und Wirkungen, und es gibt kein Richtig oder Falsch. Die Wirtschaftslehre ist bloß eine Ansammlung von Überzeugungen und Anschauungen, die mit der Zeit übernommen wurden. Doch so, wie die meisten Menschen früher alles glaubten, was in der Bibel stand, glauben die meisten Menschen heute an viele Ideen der modernen Wirtschaftslehre.

Dieser Ideenlehre liegen drei Hauptgedanken zugrunde:

## 1. Der Markt soll möglichst wenig reguliert werden

Der zentrale Glaube der modernen Volkswirtschaftslehre beruht darauf, dass »der Markt« möglichst wenig reguliert werden sollte. Dies wird gewissermaßen als gesunder Menschenverstand dargestellt, als etwas, das sowohl offensichtlich als auch naturgegeben ist. Dabei ist der Markt in Wirklichkeit nur ein anderes Wort für »Handel«. Ein Markt ist da, wo Menschen etwas kaufen und verkaufen, und so wie in jedem gesellschaftlichen Austausch gibt es nichts, was die Akteure dazu zwingt, sich ehrlich und fair zu verhalten. So liefert denn auch die Geschichte der Menschheit unzählige Beispiele für skrupellose Händler und unethische Geschäftsaktivitäten.

Dennoch sagen die Ökonomen, dass minimale Regulierung besser sei, da dies eine raschere soziale Entwicklung fördere. Sie argumentieren, dass jegliche Regulierung des Marktes am besten der »unsichtbaren Hand« überlassen werden sollte – ein aus dem Kontext genommenes Zitat des im 18. Jahrhundert lebenden Moralphilosophen und Historikers Adam Smith (der kein Ökonom war). Mit der »unsichtbaren Hand« bezog sich Smith jedoch nicht darauf, wie Handel funktioniert. Er bezog sich darauf, was er als das natürliche menschliche Bestreben sah, anderen zu helfen. In Fragen des Handels befürwortete er Regulierungen.

Dennoch behaupten moderne Ökonomen, dass ein minimal regulierter Handel für alle das Beste sei. Dafür gibt es jedoch kaum Beweise. Nichts lässt darauf schließen, dass irgendeine überirdische Kraft den Prozess des Kaufens und Verkaufens steuert und die Interessen der Gesellschaft schützt. Hingegen gibt es jede Menge Anhaltspunkte, die das Gegenteil nahelegen. Es gibt zahllose Beispiele für Händler, die die Märkte zu ihrem persönlichen Vorteil manipulieren. Tatsächlich ist es wesentlich wahrscheinlicher, dass die von diesen Ökonomen propagierte Idee der »unsichtbaren Hand« oftmals vielmehr eine »*unethische* unsichtbare Hand« ist. Wie sonst lässt sich erklären, wie es zum Diesel-Emissions-Skandal kam, wie verantwortungslose Banken in den frühen 2000ern Kredite vergaben, und dass Technologiefirmen personenbezogene Daten verkauft haben, um damit Gewinne einzustreichen?

## 2. Wirtschaftswachstum führt zu besseren Lebensstandards

Der Glaube, dass Wirtschaftswachstum zu steigendem Wohlstand führt, ist generell ebenfalls unrichtig. In den letzten 20 Jahren hat die Welt zwar eine der stärksten Wachstumsphasen der Geschichte erlebt, gleichzeitig ist aber die soziale Ungleichheit gestiegen, und die Lebensstandards sind in vielen Ländern gesunken.

Nach dem Zweiten Weltkrieg verzeichneten viele Länder ein starkes Wirtschaftswachstum und steigende Lebensstandards. Diese Beobachtung hat viele moderne Ökonomen – bekannt auch als »neoliberale« Ökonomen – zur Postulierung von Ursache und Wirkung veranlasst. Sie sagen, dass das Wachstum zur Verbesserung der Lebensstandards geführt hat. Mit dieser Aussage schüren sie die Vorstellung, dass der Staat bloß Wirtschaftswachstum fördern müsse, und schon würden die Lebensstandards steigen.

Doch der Anstieg der Lebensstandards zwischen den frühen 1950er- und späten 1970er-Jahren war nicht bloß das Ergebnis von Wirtschaftswachstum. Wachstum war vielmehr eine unvermeidbare Begleiterscheinung des Wiederaufbaus, den die Länder nach den Kriegsjahren leisteten. Die verbesserten Lebensstandards waren weitgehend dem Staat zu verdanken, der die gesellschaftliche Entwicklung durch Verbesserungen des Gesundheitswesens, der Infrastruktur und der sozialen Wohlfahrt lenkte.

Der direkte Zusammenhang zwischen Wachstum und steigendem Wohlstand ist daher weitaus nicht so gegeben, wie moderne Ökonomen dies gern darstellen, und es wäre schlichtweg falsch zu sagen, dass das eine automatisch zum anderen führt. Dies wird in Zukunft deutlicher zu beobachten sein. In den kommenden Jahrzehnten werden Städte von den Küsten landeinwärts verlegt werden müssen, es werden Armeen benötigt werden, um den Zustrom von

Migranten unter Kontrolle zu halten, und es werden Gebäude ersetzt werden müssen, die den Waldbränden zum Opfer fallen. All das wird jede Menge Wirtschaftswachstum bescheren. Aber die Lebensstandards werden dadurch nicht steigen.

Außerdem ist es möglich, durchschnittliche Lebensstandards auch ohne Wirtschaftswachstum zu verbessern, indem man die Verteilung von Vermögen und Arbeit ändert. Vermögen und Arbeit sind heute sehr punktuell konzentriert. Ein winziger Prozentsatz der Weltbevölkerung ist extrem reich, während die meisten sehr wenig haben. Hunderte Millionen von Menschen machen Überstunden, während andere arbeitslos sind. Wenn Vermögen und Arbeit gleichmäßiger verteilt werden könnten, ginge es der Mehrheit besser, und zwar ohne jegliches Wirtschaftswachstum.

## 3. Unerwünschte Nebeneffekte sind zu ignorieren

Die katastrophalste aller neoliberalen Wirtschaftsideen ist jene, wonach die Natur lediglich als Quelle für Rohstoffe und Reichtum dient. Wenn ein Teil der Natur beschädigt, verschmutzt oder zerstört wird, ist dies in der Diktion der neoliberalen Ökonomen eine »Externalität«, eine unbeabsichtigte Konsequenz. Diese sei zu ignorieren, so ihr Standpunkt, obwohl die traditionelle Wirtschaftslehre dem widerspricht.

So wie die meisten anderen Ideen im neoliberalen Glaubenskanon stößt diese Denkweise bei all jenen auf Gehör, die sich für den kommerziellen Handel eine zentrale Rolle in der gesellschaftlichen Entwicklung wünschen. Sie erlaubt es ihnen, der Natur aus Profitgründen Schaden zuzufügen, auch wenn ihnen bewusst ist, dass sie ein existenzielles Problem schaffen. Genau diese Denkweise hat es den weltweiten Fossilenergie-Unternehmen erlaubt, ihre zerstörerischen Aktivitäten jahrzehntelang zu betreiben. Die Anbeter des Neoliberalismus sehen in schmelzenden Polkappen sogar etwas Gutes, ergibt sich dadurch doch die Möglichkeit neuer Handelsrouten. Die Verlegung von Städten zum Schutz vor Überschwemmungen ist ebenfalls fein, genauso wie zerstörerische Waldbrände, denn dadurch ergeben sich Arbeitsplätze und Einkommen für die Baubranche.

Was den Klimawandel angeht, haben die Vorstellungen moderner Ökonomen verheerende Folgen für alle mit sich gebracht. Was mit der Erdatmosphäre passiert, ist die direkte Konsequenz aus deren Glaubenssystem. Um das Wachstum zu erzielen, das sie als erforderlich betrachten, müssen immer mehr Rohstoffe geplündert werden, wird immer mehr Energie benötigt. 80 Prozent dieser Energie kommt von fossilen Energieträgern und verursacht jene Verschmutzung, die das Klima weltweit verändert. Das neoliberale Pochen auf Wirtschaftswachstum ist daher die direkte Ursache des Klimawandels.

Wenn wir das Tempo der Erderwärmung bremsen wollen, müssen wir uns von diesen eigennützigen neoliberalen Wirtschaftsideen verabschieden. Bis es so weit ist, sind wir, in den Worten des Wirtschaftshistorikers Richard Smith,[1] »alle an Bord des Hochgeschwindigkeitszugs einer gierigen und immer heftigeren Plünderung und Verschmutzung. Während unsere Lokomotive auf die Klippe des ökologischen Zusammenbruchs zurast, kreisen die Gedanken unserer Anführer nur darum, wie sie diese noch stärker befeuern können, um noch schneller dort zu sein. Wir sind zum kollektiven Selbstmord verdammt – und wenn auch noch so viel am Markt herumgeflickt wird, hilft das nichts, um die Fahrt in den globalen Umweltkollaps zu bremsen.«

Die einzige Möglichkeit, um die Erderwärmung zu bremsen, besteht darin, keine Treibhausgase mehr zu produzieren. Dazu müssen die Länder der reichen Welt eine massive Drosselung der Wirtschaft forcieren, alle unnötigen und umweltschädlichen Industrien stilllegen und anschließend alle Unternehmen schließen, die für Treibhausgasemissionen verantwortlich sind: die Fossilindustrie, den Automobilsektor, den Flugverkehr, die Plastikindustrie, die Zementhersteller, die Schifffahrt und all die anderen Übeltäter. Gleichzeitig muss die Landwirtschaft radikal umgestellt und die Entwaldung gestoppt werden.

Dies ist jedoch unmöglich, da das neoliberale Glaubenssystem die Gesellschaft dazu zwingt, an die verlorenen Arbeitsplätze und entgangenen Gewinne zu denken statt an die Umwelt und die langfristigen Bedürfnisse der Menschheit. Die meisten glauben immer noch, dass sie bloß den Konsum ankurbeln und das Wachstum fördern müssen, auch wenn zusehends klar ist, dass diese Denkart sie letztlich umbringen wird.

## Warum glauben die Menschen diese Lügen?

Dass so viele Menschen diese Lügen und Halbwahrheiten glauben, kommt nicht von ungefähr. Die neoliberale Wirtschaftsdenke wird seit über 70 Jahren von einer kleinen eigennützigen Gruppe auf so geschickte Weise propagiert, dass nahezu niemand mehr ihre Anschauungen hinterfragt.

Die große Irreführung begann in den späten 1940er-Jahren, als eine Gruppe der bekanntesten Ökonomen der Welt rund um Friedrich von Hayek, Ludwig von Mises und Milton Friedman die Mont Pèlerin Society (MPS) gründete, speziell mit dem Ziel, neoliberale Ideen und die »zentralen Werte« der Zivilisation zu verbreiten. Sie wollten Menschen davon überzeugen, dass der Staat und ganz besonders der Wohlfahrtsstaat gefährlich sei und dass Unternehmen minimal reguliert werden sollten. Mit großzügiger Finanzierung durch große Konzerne und vermögende Privatpersonen gelangte die Gruppe mit der Wahl von Ronald Reagan und Margaret Thatcher zu größerer Bekanntheit. Von Reagans 76 Wirtschaftsberatern waren 22 Mitglieder der MPS. Thatchers leitender Wirtschaftsberater sowie viele andere Ökonomen in ihrem Dunstkreis waren ebenfalls Mitglieder der MPS.

Die MPS hat intensive Überzeugungsarbeit geleistet, um sicherzustellen, dass der Glaube an den freien Markt, ähnlich wie eine Religion, so normal und selbstverständlich wird, dass ihn kaum jemand mehr hinterfragt. Sie hat bei der Gründung von Denkfabriken mitgewirkt, um neoliberales Gedankengut zu verbreiten und Beziehungen zu führenden Politikern, Bankern und Journalisten aufzubauen. Sie hat die Volkswirtschaftslehre an Universitäten und Hochschulen wesentlich verändert, sodass die meisten Studierenden heute gar keine Alternative mehr zum Modell des freien Marktes kennenlernen. Sie steht auch hinter der Vergabe des als »Wirtschaftsnobelpreis« bekannten »Preises der schwedischen Reichsbank in Wirtschaftswissenschaften im Gedenken an Alfred Nobel«, der allerdings kein echter Nobelpreis ist. Er ist vielmehr ein öffentlichkeitswirksamer Coup für Ökonomen des freien Marktes, der dazu dient, die neoliberale Denkart zu legitimieren.

Die Mont Pèlerin Society hat es außerdem geschickt verstanden, kluge Köpfe für sich zu gewinnen, die nicht Wirtschaftsexperten sind und als sekundäre Botschafter neoliberaler Ideen dienen. Mithilfe gezielter Artikel, Dokumentarsendungen, Nachrichtenmeldungen und Berichterstattungen zur Förderung neoliberaler Ideen sind viele renommierte Mitglieder der Gesellschaft unbewusst zu Befürwortern neoliberaler Anschauungen geworden. Sie vertrauen der akademischen Reputation der neoliberalen Ökonomen und hinterfragen die zugrunde liegenden Annahmen nicht, im Bewusstsein, dass ihre eigene Expertise in anderen Bereichen liegt.

> *»Unermessliche Mengen an Zeit, Energie und Talent wurden bereits auf ernsthafte Debatten mit Neoliberalen vergeudet, so als wären dies ehrliche Theoretiker, Denker, Gelehrte, Denkfabrikexperten oder Staatsmänner, wo doch im Grunde das Hauptmerkmal des Neoliberalismus die Täuschung ist.«*[2]
>
> Lu Chien-Yi, Wissenschaftliche Mitarbeiterin an der Nationalen Akademie der Wissenschaften in Taiwan

Neoliberale Ideen sind aber nicht nur die zentrale Ursache des Klimawandels, sondern haben sich auch in der Denke jener festgesetzt, die sich für Veränderungen einsetzen. Nur sehr wenige Menschen in der Umweltbewegung sind ausgebildete Wirtschaftsexperten, und folglich sind auch viele wohlmeinende Grüne der neoliberalen Rhetorik zum Opfer gefallen. Deshalb werden ihre Vorschläge zur Eindämmung des Klimawandels oder Säuberung der Meere häufig in neoliberaler marktwirtschaftlicher Diktion vorgebracht. Sie akzeptieren widerspruchslos die Ansicht, dass die Rolle des Staates klein gehalten werden sollte und dass »der Markt« gesellschaftliche Veränderungen herbeiführen kann.

Viele Umweltaktivisten, insbesondere jene in der englischsprachigen Welt, wissen auch, dass jeglicher Vorschlag zur Stärkung der staatlichen Rolle auf Ablehnung stoßen würde, da derartige Empfehlungen dem neoliberalen Glaubenssystem zuwiderlaufen. Damit sind diese Umweltaktivisten gezwungen zu akzeptieren, dass die Freiheit des Marktes unantastbar bleibt.

Die Denke hat bereits so extreme Formen angenommen, dass sogar Umweltaktivisten vorgeschlagen haben, die Natur als Wirtschaftsgut zu betrachten. Die Wälder, Meere und Korallenriffe seien als »natürliches Kapital« zu bewerten, ihnen sei ein monetärer Wert zuzuweisen wie einer Fabrik oder einer Maschine, so ihr Vorschlag. Das ist Neoliberalismus in Reinkultur.

Statt das Tempo der Umweltzerstörung zu bremsen, macht diese Denke die Situation noch schlimmer. Mit der Monetarisierung der Natur wird die Idee in die Welt hinausgetragen, man solle Entscheidungen, die die Natur betreffen, auf der Basis ihrer wirtschaftlichen Auswirkungen treffen. Wer aber entscheidet, welchen Preis die Zerstörung eines Waldes hat? Ist ein Gletscher mehr wert, bevor er schmilzt oder danach? Darf jemand, der genug dafür bezahlt, eine als lästig empfundene Art vernichten?

Anderen Aktivisten zufolge wird die »unsichtbare Hand« selbst die Kosten der erneuerbaren Energien senken, bis sie mit fossilen Brennstoffen konkurrieren kann. Wie von Zauberhand wird sich eine Wende vollziehen, ohne dass der Staat eingreifen muss. Auch das ist Neoliberalismus pur. Man akzeptiert die Vorstellung, dass der Markt allein gesellschaftliche Probleme lösen wird, und ignoriert das offensichtliche Faktum, dass keine ausreichende Veränderung stattfindet. Ignoriert wird zudem, mit welch enormer politischer Macht die Ölindustrie die Politik manipuliert und dafür auch noch hohe Subventionen erhält.

Dasselbe gilt für Konzepte wie »Green Impact Investing«, »Green Venture Capital« und »Green Bonds«, die »grüne« Geldanlagen für Investoren schmackhaft machen sollen. Sie sind allesamt Versuche, von der Klimakrise zu profitieren und das neoliberale Glaubenssystem zu bewahren, ja sogar noch weiter zu festigen. Auch der CO2-Handel ist nichts anderes: ein Versuch, das Klimaproblem zu lösen, ohne den freien Markt anzutasten. Er bestärkt die Gesellschaft in der Vorstellung, dass man den Emissionen bloß einen Preis zuordnen müsse beziehungsweise sie in irgendeiner Form »kompensieren« könne, damit alles so weitergehen könne wie bisher.

Die Neoliberalen haben leider das Problem, dass es für die Klimakrise keine marktwirtschaftliche Lösung gibt. Es ist nicht möglich, die globale Erwärmung in einem gering regulierten Wirtschaftssystem zu bremsen, das auf maximales Wachstum und kurzfristige Profite ohne Rücksicht auf die Umweltfolgen abzielt.

Es sind die neoliberalen Dogmen, die die Menschheit in ihre eigene Vernichtung treiben, da ihre Ziele mit den langfristigen Bedürfnissen der Natur und der Menschheit einfach nicht kompatibel sind. Und keine ausgeklügelten Preisberechnungen für Naturgüter oder clevere Grünfärbereien können daran etwas verändern.

Noch können Demonstrationen von Schulkindern oder Mitgliedern der Extinction Rebellion etwas ausrichten, so traurig dies auch ist. Denn ihre Forderungen können innerhalb des neoliberalen Glaubenssystems nicht erfüllt werden, ohne dass die Wirtschaft abstürzt. Diese Gruppen müssten ganz anders vorgehen, wie ich später noch erklären werde. Auf den einfachsten Nenner gebracht ist die Klimadebatte im Grunde ein Kampf zwischen jenen, denen es um das langfristige Wohlergehen der Menschheit geht, und jenen, für die nur ihre eigenen kurzfristigen finanziellen Gewinne zählen. Leider ist es nicht möglich, diese Debatte ein für alle Mal zu beenden; es gibt keine wissenschaftlichen Erkenntnisse, wie man eine egozentrierte Person dazu bringen kann, sich mehr über die Zukunft zu sorgen. Es ist eine Frage der Kultur und der sozialen Werte, und diese werden zurzeit von den suizidalen Lehrmeinungen des Neoliberalismus beherrscht.

Die Demonstranten auf den Straßen belegen eine zunehmende Frustration mit derart selbstsüchtigen Menschen und auch mit all jenen, deren Aufgabe es ist, die Geschicke der Gesellschaft zu lenken. Derzeit machen all jene, die für das Klimaproblem verantwortlich sind, ungestraft weiter wie bisher.

> »*Wir wissen alle, was zu tun ist,*
> *wir wissen nur nicht, wie wir es anstellen,*
> *dass wir danach auch wiedergewählt werden.*«
>
> Jean-Claude Juncker, ehemaliger Präsident der Europäischen Kommission

Die langfristige Herausforderung für die Menschheit besteht darin, diese irrigen Vorstellungen zu ersetzen. Weder liegt die aktuelle wirtschaftsfixierte Weltsicht in der Natur der Dinge noch ist sie für die Ewigkeit. Sie ist keineswegs in Stein gemeißelt. Der Neoliberalismus ist nur eine Ansammlung von Ideen, die akzeptiert, abgelehnt oder auch geändert werden können. Es liegt an den Menschen zu entscheiden, was als richtig und falsch gelten soll. Die menschliche Gesellschaft entscheidet, was ihr wichtig ist und wie Menschen sich verhalten sollten. Menschen entscheiden, wie sie Erfolg messen wollen und welche Zeithorizonte sie für sinnvoll halten. Menschen entscheiden, wie sie miteinander und wie sie mit der Natur umgehen wollen.

In der derzeitigen Denkart wird Wettbewerb, Ausbeutung und Respektlosigkeit belohnt und damit kurzsichtiges Agieren. Was wir als unser Recht oder unsere Pflicht erachten, was wir für Freiheit und Ordnung halten – all das sind Wahlmöglichkeiten, über die wir entscheiden können. Damit sich die Menschheit von ihrer selbst gemachten ökologischen Bürde befreien kann, muss sie zuerst begreifen, dass Neoliberalismus – Kapitalismus – die Ursache ist, nicht die Antwort.

Nicht technologische Innovation wird die Menschheit voranbringen, sondern gesellschaftliche Innovation. Die menschliche Gesellschaft muss neue Denkweisen entwickeln, damit sie im Einklang mit der Natur leben kann, als deren Hüter. Leistung und Fortschritt dürfen nicht von materiellem Gewinn oder Vermögensbildung abhängen. Musik, Literatur, Kunst, Tanz, Theater, Religion und Philosophie sind nicht destruktiv, ebenso wenig wie es destruktiv ist, sich gegenseitig und das Universum besser verstehen zu wollen.

Diese Art von Veränderungen zu erzielen braucht natürlich seine Zeit. Es braucht eine neue Form der Aufklärung, um den Sinn und Zweck unseres Daseins neu zu definieren. Darüber nachzudenken ist vor allem eine Aufgabe für zukünftige Generationen.

Für jene, die heute leben, besteht die vorrangige Aufgabe darin, die Treibhausgasemissionen zu senken.

## Teil 3

# REFORMIERUNG DES SYSTEMS, WO IMMER MÖGLICH

Die bisherigen Eckpunkte:

- Der Klimawandel erfordert radikale und rasche Maßnahmen.
- Der Neoliberalismus hat den Menschen den Kopf verdreht und blockiert Veränderungen.

Wie löst die Menschheit nun dieses Problem, ohne bei Google anzufragen, wie sich unsere Gehirne neu programmieren lassen?

Das Allmende-Dilemma, auch bekannt als die Tragödie der Gemeingüter,[1] beschreibt eine Situation, in der eine Minderheit von Menschen die Natur zu ihrem eigenen kurzfristigen Vorteil ausbeutet, ohne Rücksicht auf die langfristigen Konsequenzen für andere oder die Gesellschaft. Ihr kurzsichtiges Denken, ihr Egoismus und ihre Gier haben negative Folgen für alle.

## Sie haben dieses Problem nicht verursacht, Sie können es nicht lösen

Stellen Sie sich einen See vor, in dem jeder Fische fangen darf. Wenn jeder nur so viel fängt, wie er zum Leben braucht, kann der See alle ernähren. Stellen Sie sich nun vor, dass manche mehr fangen, als sie selbst benötigen, und diese Fische anderswo verkaufen. Diese Menschen werden reich, aber ihr Handeln verursacht Ungleichheit und Ungerechtigkeit. Andere Menschen werden wütend und neidisch, die sozialen Spannungen steigen. Wenn die Gierigen zu viel Fisch aus dem See holen, brechen die Fischbestände zusammen. Der Egoismus einer Minderheit zerstört damit das »gemeine Wohl«, also das Wohl aller.

Dies ist ein Beispiel für das Allmende-Dilemma.

Der Klimawandel ist das derzeit gravierendste Beispiel dieser Tragödie. Das »gemeine Wohl« der Erdatmosphäre wird von einer kleinen und gierigen Minderheit zerstört, die beschlossen hat, die Kohle-, Öl- und Gasreserven der Welt zu verfeuern, die Regenwälder zu vernichten und umweltschädigende Landwirtschaft zu betreiben.

Die überwältigende Mehrheit jener, die darunter leiden – und die in den kommenden Jahrzehnten am meisten darunter leiden werden –, sind nicht diejenigen, die direkt für den Klimawandel verantwortlich sind.

Ich habe einen deutschen Freund, der zum Pariser IPCC-Bericht von 2015 beigetragen hat. Eines Tages, bei einem gemeinsamen Mittagessen im Stadtzentrum von Singapur, schockierte er mich mit den Worten: »Eigentlich müsste man als logische Reaktion auf den Klimawandel einen SUV kaufen und häufiger in exotischen Gegenden Urlaub machen. Wenn Menschen das Gegenteil tun – wenn sie versuchen, nachhaltig zu leben – ändern sie überhaupt nichts. Sollen sie doch besser das Leben genießen, das Ergebnis wird so oder so dasselbe sein.«

Mein Freund hat das zwar sarkastisch gemeint, er hatte aber auch vollkommen recht. Wenn ich Vorträge halte, ist genau das für die meisten am schwierigsten zu verstehen. Viele wollen wissen, was sie tun können, um die Umweltprobleme der Welt zu lösen, und die meisten haben bereits eigene Vorstellungen dazu. Sie wollen von mir hören, dass sie mehr recyceln, nicht mehr fliegen und weniger Fleisch essen sollen. Sie wollen helfen, klar. Die Sache ist jedoch die, dass sie sich von der neoliberalen Vorstellung der Lenkung durch den Markt vereinnahmen haben lassen und nun glauben, dass sie persönlich durch eine nachhaltigere Lebensweise etwas bewirken können. Sie haben die Logik geschluckt, dass sich die Situation verändern wird, wenn jeder nachhaltiger zu leben versucht. Bei genauerer Betrachtung ist dies aber ganz und gar nicht logisch.

Sogar in Europa, wo viele Menschen die Bedrohung durch den Klimawandel gut verstehen, hat nur eine kleine Minderheit ihre Gewohnheiten maßgeblich umgestellt. Und auch davon nutzen die meisten weiterhin das eigene Auto, elektrischen Strom und jede Menge Plastik. Wenn man dann noch bedenkt, dass die meisten Menschen in der restlichen Welt, vor allem in der reichen Welt, ihr Verhalten überhaupt nicht geändert haben, wird deutlich, dass eine kleine Minderheit, die ein wenig nachhaltiger lebt, die weltweiten Emissionen nicht rasch genug senken kann, um den Klimawandel zu bremsen.

Sogar wenn Hunderte Millionen von Menschen beschließen würden, nachhaltig zu leben, wäre das noch zu wenig. Das liegt daran, dass für den Großteil der Emissionen nicht das individuelle Verhalten des Einzelnen die Ursache ist. Der Großteil der menschengemachten Treibhausgase kommt aus dem Verkehr (29 Prozent), der Stromerzeugung (28 Prozent) und der Industrie (22 Prozent). Rund 10 Prozent entfällt auf die Landwirtschaft und auf Landnutzungsänderungen. Wenn sich nun Einzelne individuell bemühen, nachhaltiger zu leben, hat das auf diese Emissionen nahezu gar keinen Einfluss. Wenn man alle Einwohner Deutschlands oder Europas zusammennimmt, ist die Summe ihrer Handlungen natürlich sehr groß, keine Frage. Aber auch das ist viel weniger als der kombinierte Umweltschaden, der durch Energieerzeugung, Flugzeuge, Kreuzfahrtschiffe, Bergbau, Landwirtschaft und Straßengüterverkehr verursacht wird.

Wenn jemand ein Licht anmacht oder ein Auto fährt – und sei es ein Elektroauto – nutzt diese Person Energie. Bei der Erzeugung ebenjener Energie – die heute immer noch zu über 80 Prozent aus fossilen Brennstoffen erfolgt – entstehen die Emissionen, die den Klimawandel verursachen. Es sind zwar Einzelpersonen, die den Strom verbrauchen, doch nur wenige davon haben die Möglichkeit zu entscheiden, wie diese Energie hergestellt wird. Nicht der Einzelne entscheidet, Kohle, Gas und Öl zu verfeuern, um diese Energie zu erzeugen.

Der Einzelne ist daher nur für einen sehr kleinen Teil des Klimawandels direkt verantwortlich, somit kann der Einzelne auch nur sehr wenig ausrichten, um ihn einzudämmen. Die Entscheidung, ohne Auto zu leben, reduziert nicht die Emissionen, die von Millionen von Bussen und Lastfahrzeugen generiert werden. Die Container- und Kreuzfahrtschiffe befahren weiterhin die Meere, und die Anzahl der Flüge steigt ebenfalls weiter. Was Sie tun und was ich tue, ändert nichts daran. Wenn Sie beschließen, nur mehr mit einem Elektroauto zu fahren, machen Sie das Ganze sogar noch schlimmer, falls der Strom in Ihrem Land überwiegend aus Kohle, Öl oder Gas erzeugt wird.

Natürlich kommen die Bemühungen jener, die nachhaltiger zu leben versuchen, der Lösung der Umweltprobleme zugute. Aber deren Beitrag ist viel zu gering, um das bevorstehende Schicksal der Menschheit abzuwenden. Nur wenn nahezu alle Menschen weltweit ebenfalls nachhaltig leben und für die Industrie, den Verkehr, die Landwirtschaft und die Stromerzeugung strenge Einschränkungen gelten würden, würde sich etwas ändern. Auch wenn alle Einwohner Deutschlands und Österreichs so nachhaltig wie möglich lebten und gar keine Treibhausgase erzeugten, würde die weltweite Emissionsrate dennoch Jahr für Jahr weiter *steigen*. Auch wenn *jeder* in der gesamten EU – eine halbe Milliarde Menschen – möglichst nachhaltig leben würde – kein Fleisch, kein CO2, keine Einwegprodukte –, würde sich nahezu nichts ändern. Die Welt würde dennoch Mitte der 2030er-Jahre den ökologisch kritischen Kipppunkt erreichen. All diese 500 Millionen Menschen, die Gutes tun, die im Dunkeln leben ohne Auto und Flugzeug, würden die Katastrophe bestenfalls lediglich für ein paar Jahre hinauszögern.

Ich sage nicht, dass der Einzelne nichts tun soll. Ich sage vielmehr, dass all die Energie, die Menschen in Recyclingmaßnahmen und in Bemühungen um eine nachhaltige Lebensweise stecken, stattdessen in etwas fließen sollte, was tatsächlich etwas bewirken könnte. Etwa indem man aktiv darauf hinarbeitet, ein radikales politisches Umdenken herbeizuführen. Um die nötige Veränderung zu erzielen, muss praktisch jeder Bauer und jedes Unternehmen seine Treibhausgasemissionen auf null reduzieren. Und damit meine ich nicht null als Nettosaldo nach irgendwelchen Auf- und Gegenrechnungen. Ich meine wirklich NULL. Emissionen durch Zertifikate-Handel zu kompensieren reicht nicht. Bäume wachsen nicht schnell genug, um das produzierte Kohlendioxid zu absorbieren, und CO2-Zertifikate sind bloß Papiere, die es den Käufern erlauben, das Problem noch schlimmer zu machen.

Es ist ein weiterer Trick neoliberaler Ökonomen, den Menschen zu suggerieren, dass jeder Einzelne für die Umweltprobleme wie Klimawandel, Meeresverschmutzung und Artenschwund verantwortlich sei. So können sie argumentieren, dass es nicht die Unternehmen sind, die den Müll nach Rumänien oder China exportieren und die dortige Bevölkerung vergiften. Sie und ich seien dafür verantwortlich, sagen sie, da wir diesen Müll verursachen. Die Ölverschmutzung an den Stränden seien Ihre Schuld und meine, da Sie und ich Kraftstoff für unsere Autos wollen. Wenn uns Kaffee in nicht recycelbaren Bechern verkauft wird, liegt das daran, sagen die Ökonomen, dass Sie und ich diese Bequemlichkeit wollen.

All das stimmt natürlich nicht. Sie und ich haben keine Firmen beauftragt, unseren Müll zu exportieren. Wir wollen ja gar nicht erst so viel Müll produzieren. Weder Sie noch ich haben Ölfirmen nahegelegt, zu wenig in Sicherheit zu investieren. Ebenso wenig haben wir um nicht recycelbare Kaffeebecher gebeten.

Das Dogma der Neoliberalen will uns glauben machen, dass wir für diese Probleme verantwortlich sind, weil sie nicht wollen, dass sich etwas verändert. Nichts soll die Wachstumsrate der Wirtschaft oder den Vermögenszufluss nach oben bremsen. Sie wollen nicht, dass die Menschheit begreift, dass Unternehmen für diese Entscheidungen verantwortlich sind, ebenso wie jene, die immer höhere vierteljährliche Renditen verlangen.

Statt zu akzeptieren, dass das Grundproblem in ihrem Wirtschaftssystem liegt, schieben die Neoliberalen Ihnen und mir die Schuld für die Probleme zu, die sie geschaffen haben. Daraufhin bieten sie uns, ganz geschickt, eine Lösung an. Sie sagen uns, wir könnten die Umweltprobleme der Welt lösen, indem wir unser Kaufverhalten ändern. Wenn wir andere Produkte kaufen – wohlgemerkt aber unseren Konsum insgesamt nicht reduzieren –, können wir eine Veränderung bewirken, so ihr Tenor. »Save the world!« ist ihre Botschaft. Sie als Konsument sind es, der den Planeten zerstört, sagen sie, nicht wir. »Kaufen Sie Solarpanele! Kaufen Sie Wärmedämmung! Kaufen Sie ein Elektroauto! Kaufen Sie vegane Lebensmittel! Aber hören Sie ja nicht auf, Dinge zu kaufen.«

In Wirklichkeit können Sie und ich das Klimaproblem nicht dadurch lösen, dass wir anders leben oder andere Dinge kaufen. Denn wir sind für die Hauptursachen der Verschmutzung nicht verantwortlich. Nicht Sie und ich haben beschlossen, all diese Kohlekraftwerke zu bauen. Nicht Sie und ich haben Produkte hergestellt, die nicht recycelt werden können. Nicht Sie und ich haben beschlossen, Kreuzfahrtschiffe mit den umweltschädlichsten Motoren der Welt auszurüsten.

Nicht Sie und ich haben dieses Problem verursacht, und deshalb können Sie und ich es logischerweise auch nicht lösen.

## Die Verantwortlichen haben Namen und Adressen

Aber es gibt Menschen, die diese Entscheidungen treffen. Eine kleine Gruppe von Personen weltweit beschließt, Kohle zur Stromerzeugung zu verwenden, wohl wissend, dass dies den Klimawandel verschlimmert. Eine kleine Gruppe investiert in das Ölgeschäft, wohl wissend, dass dieses die Umwelt zerstört. Dieselbe kleine Gruppe baut Flughafenterminals, wohl wissend, dass weitere Flüge die Luft noch mehr verschmutzen werden. Sie bauen neue Autofabriken, wohl wissend, dass die erforderliche Energie und die verursachte Verschmutzung der Atmosphäre schaden werden. Sie arbeiten im Produktdesign, im Marketing und im Vertrieb, um den Rest von uns davon zu überzeugen, umweltzerstörende Produkte zu kaufen. Und sie arbeiten für PR-Firmen und Denkfabriken, die neoliberale Ideen verbreiten und Zweifel an wissenschaftlichen Klimaerkenntnissen säen.

Die Umweltzerstörung und der Klimawandel kommen nicht von allein. Es sind Menschen, die diese Probleme verursachen – und sie haben Namen und Adressen.

Die Menschen, die all dies tun, haben alle eines gemeinsam. Ihnen sind kurzfristige Gewinne wichtiger als die Zukunft der Menschheit. Für sie ist das Geld, das sie heute einstreichen, wichtiger als die Welt, die sie ihren Enkeln morgen vererben. Zahlen auf einem Kontoauszug sind ihnen wichtiger als die vielen Hundert Millionen von Menschen, denen eine Zukunft ohne Wasser bevorsteht.

Die meisten jener Menschen, die diese Entscheidungen treffen, wissen, was sie tun. Sie wissen, dass sie Klimaveränderungen verursachen. Sie wissen, dass mehr Flüge und Autofahrten mehr Verschmutzung verursachen. Sie wissen, dass sie Plastikverpackungen verkaufen, die die Meere vergiften werden. Sie könnten das ändern und eine Arbeit finden, die nicht die Umwelt zerstört. Stattdessen reden sie sich ein, dass das, was sie da tun, in Ordnung ist.

Von acht Milliarden Menschen weltweit sind vielleicht ein paar Dutzend Millionen für diese folgenschweren Entscheidungen verantwortlich. Sie betreiben die Öl-, Kohle- und Gasunternehmen sowie die Fluggesellschaften und Automobilhersteller. Sie managen Plastikfirmen und Bergbauunternehmen. Sie sind die Banker und Private-Equity-Investoren, die diese Unternehmen dazu puschen, alle drei Monate noch höhere Gewinne vorzulegen. Sie sind die Politiker, die umweltzerstörende Unternehmen unterstützen und die Konsequenzen ignorieren. Sie sind die Familien all dieser Menschen, die ihre Augen vor all dem schädlichen Tun verschließen.

Wenn Sie für ein Fossilenergie-Unternehmen arbeiten, egal wo in der Hierarchie, sind Sie Teil des Problems. Wenn Sie für Volkswagen, OMV, Glencore, Holcim, BHP, Syngenta, Daimler, Lufthansa, BMW, BASF oder deren Pendants in anderen Ländern arbeiten, sind Sie Teil des Problems. Wenn Sie diese Unternehmen finanzieren oder bei der Werbung für ihre umweltschädigende Ware helfen, sind Sie ebenfalls Teil des Problems.

> *»Ich starte eine Kampagne gegen Pseudo-Nachhaltigkeit, die Art von ›Sie-haben-die-Wahl‹-Gerede, die uns weismachen will, dass milliardenschwere Konzerne sich um die Umwelt sorgen oder um unsere Zukunft. Dass wir von denjenigen gesagt bekommen, wir sollen unseren Planeten lieben, die selbst in konstant klimatisierten Gebäuden aus Stahl und Glas sitzen, in Räumen mit Teppichen und Mobiliar aus petrochemischer Produktion und verschiedensten Formen von Metall, wo Mitarbeiter am Abbau seltener Erden und nicht erneuerbarer Bodenschätze verdienen und der Einzelne ganz und gar keine Wahl hat, wäre ungeheuer komisch, wäre es nicht so abscheulich kriminell, dumm und schamlos gelogen.«*[2]

Dr. Bernice Maxton-Lee, wissenschaftliche Mitarbeiterin am Departement Umweltsystemwissenschaften der Eidgenössischen Technischen Hochschule in Zürich

Man beachte: Die große Mehrheit der Menschen, die das Problem verursachen, lebt in der reichen Welt. Den Kampf gegen den Klimawandel gewinnen wir nicht, indem der Rest von uns vegan zu leben beginnt. Gewinnen können wir ihn nur, wenn die Mehrheit der Menschen weltweit dafür sorgt, dass das entsetzlich zerstörerische Verhalten dieser kleinen Minderheit aufhört. Sie und ich müssen wieder die demokratische Kontrolle in die Hand nehmen und für ein ordentlich funktionierendes Staatswesen sorgen, damit das Wirtschaftssystem nicht unsere Zukunft zerstört. Dies ist kein Kampf zwischen 99 Prozent und 1 Prozent der Menschheit. Es ist ein Kampf zwischen 99,995 Prozent und 0,005 Prozent der Menschheit.

Es *gibt* Menschen, die für den Klimawandel verantwortlich sind – eine kleine Schar, die nur an sich selbst denkt, ungeniert agierend unter dem Deckmantel der Ideen, die von neoliberalen Ökonomen postuliert werden. Deren Handlungen sind das, was sich ändern muss. Der große Rest von uns hat die Aufgabe, dafür zu sorgen, dass dies geschieht.

Wie schaffen wir das?

## Warum wir dringend eine verbesserte Demokratie brauchen

Wenn die langfristigen Interessen der großen Mehrheit durch die Gier einer kleinen Minderheit sabotiert werden, ist es normalerweise die Aufgabe der demokratisch gewählten Politiker, das Problem zu beheben. Das ist doch genau das, wofür die Politiker in der Regierung da sind: um die langfristigen Interessen der Mehrheit zu wahren. Aber genau das ist nicht geschehen. Warum? Weil das demokratische System wiederum dank der Ideen neoliberaler Ökonomen nicht so funktioniert hat, wie es sollte.

Die meisten Bewohner der reichen Welt möchten glauben, dass sie in einer offenen und demokratischen Gesellschaft leben. Im antiken Griechenland, dem wir den Geschichtsbüchern nach das Konzept der Demokratie zu verdanken haben, hätte man das derzeitige System jedoch nicht als sonderlich demokratisch empfunden.

Dort wurde die Gesellschaft damals nicht von einer kleinen Anzahl Repräsentanten bestimmt, die von der Mehrheit gewählt wurde, sondern von einer sehr großen Gruppe politisch aktiver Bürger – mündiger Menschen, die zu einem verantwortungsvollen Handeln im Sinne der Gesellschaft und ihrer Umwelt fähig waren. Die Regierungsgeschäfte wurden von Bürgern wahrgenommen, die wir heute am ehesten als eine große Oligarchie von Juristen definieren würden. Nicht jeder konnte dieser Gruppe angehören, und nur manche Männer (damals leider *nur* Männer) durften wählen und auch das erst ab einem bestimmten Lebensalter. Von all jenen, die der Regierung angehörten, erwartete man ein tiefes und detailliertes Verständnis in Fragen des täglichen Lebens (von der Regulierung der Lebensmittelvorräte bis hin zur Vergabe von Fährlizenzen) und die aktive Mitwirkung im parlamentarischen Prozess. Ein Drittel der Männer im Alter zwischen 18 und 40 Jahren arbeitete mindestens ein Jahr lang als Mitglied der Volksversammlung. Mehr als die Hälfte der berechtigten Männer über 30 hatte mindestens einmal in ihrem Leben den Vorsitz bei einer der Sitzungen im wichtigsten Rat (dem »Rat der 500«) geführt und war damit effektiv zumindest kurzfristig in geschäftsführender Funktion tätig gewesen. In Krisenzeiten konnte eine kleine Gruppe Entscheidungen ohne eine Sitzung der Versammlung oder des Rates treffen. Alle Mitwirkenden in allen Gremien arbeiteten jedoch stets hart für das System und mussten ihre fortgesetzte Rolle rechtfertigen.

Die Bürger des antiken Griechenlands haben also nicht nur einfach ein Kreuzchen auf einem Wahlzettel gemacht und sich dann zurückgelehnt, um die gewählten Repräsentanten zu kritisieren.

Das System im modernen China, das von vielen für undemokratisch gehalten wird, ist in vielerlei Hinsicht jenem des antiken Griechenlands ähnlicher als viele andere moderne Demokratien. In China arbeiten nur jene in der Regierung, die sich aktiv in der Politik engagieren. Es gibt zwar kein allgemeines Wahlrecht (ebenso wenig, wie es dies im alten Griechenland gab), jedoch kann jeder, der ein aktives Mitglied einer der acht politischen Parteien (es gibt nicht bloß eine) ist und die Unterstützung von mindestens drei anderen Wählern hat, als einer von 2,5 Millionen Abgeordneten in einen der verschiedenen Volkskongresse gewählt werden. Um für den höheren Nationalen Volkskongress mit knapp unter 3.000 Delegierten infrage zu kommen, benötigt man mindestens zehn Unterstützer. Der Nationale Volkskongress wählt die rund 350 Mitglieder des Zentralkomitees. Dieser hat ähnliche Verantwortlichkeiten wie der führende Rat der 500 im antiken Griechenland. Er wählt auch die 25 Mitglieder des Politbüros und den ständigen Ausschuss sowie den Generalsekretär.

In China kommen die in die politische Führung gewählten Personen aus dem Parteiapparat sowie aus den staatseigenen Betrieben, den Arbeitseinheiten, dem Militär oder den Gewerkschaften. Berufsverbänden wird eine Vertretung im Volkskongress garantiert, ebenso wie Frauenverbänden, Jugendorganisationen, ethnischen Minderheiten, Religionen und verschiedenen Wirtschaftszweigen. Der Kongress ist auf die Vertretung der verschiedenen Anschauungen und Wirtschaftssektoren des Landes im direkten Verhältnis zu ihrer Größe und Bedeutung ausgelegt. Von den passiv Wahlberechtigten kann jeder gewählt werden, meist ist jedoch nur eine jeweils kleine Minderheit aktiv tätig – rund eine von 15 Personen. Dieses

Verhältnis ist nur wenig geringer als die Anzahl derjenigen, die im antiken Griechenland politisch aktiv waren.

Moderne Demokratien sind anders. Die meisten basieren auf einer bestimmten Form der repräsentativen Demokratie, bekannt als liberale oder konstitutionelle Demokratie. In den meisten Ländern kann sich nahezu jeder um ein politisches Amt bewerben, und es finden regelmäßige Wahlen statt, bei denen Bürger für ihre favorisierten politischen Repräsentanten stimmen können.

Moderne Demokratien haben außerdem das allgemeine Wahlrecht, das heißt, dass alle Personen ab dem Erwachsenenalter, unabhängig von ethnischer Herkunft, Reichtum, Geschlecht, Glaubensrichtung oder sozialem Status, wahlberechtigt sind. Sogar Gefängnisinsassen sind in den meisten Ländern wahlberechtigt, sodass auch etwaige Opfer politischer Verfolgung oder schlechter Gesetze eine Stimme haben. Um eine übermäßige Machtkonzentration der gewählten Politiker zu verhindern, gibt es meist eine geschriebene Verfassung, in der die von der Regierung einzuhaltenden Grundsätze festgelegt sind. Es gibt auch eine unabhängige Justiz, um das System unter Kontrolle zu halten.

Die Unterschiede zwischen dem aktuellen System und jenem im antiken Griechenland sind wichtig, da sie die Veränderungen blockieren, die nötig wären, um den Klimawandel zu bremsen. Die zwei wichtigsten Unterschiede sind:

- Nahezu jeder kann sich zur Wahl stellen.
- Nahezu jeder Erwachsene darf wählen.

Diese mögen zwar als wertvolle Verbesserungen des demokratischen Prozesses erscheinen, sind de facto jedoch sehr große Hindernisse, wenn die Herausforderungen so groß und komplex sind wie die des Klimawandels.

Damit ein demokratisches System effektiv funktionieren kann, müssen die gewählten Vertreter über die Themen, zu denen sie Entscheidungen treffen, gut informiert sein. Sie müssen sich auch der Verantwortung gegenüber der restlichen Gesellschaft im Klaren sein. Diese beiden Bedingungen wurden im antiken Griechenland erfüllt. Sie werden ebenso in China respektiert.

In vielen sogenannten demokratischen Gesellschaften der heutigen Zeit ist dies jedoch nicht der Fall. Da sich jeder um ein politisches Amt bewerben kann, sind die gewählten Vertreter oft sowohl ignorant als auch untauglich. Manche werden gewählt, weil sie bekannte Schauspieler, Komiker oder Reality-TV-Stars sind. Viele wissen sehr wenig über die Themen Bescheid, die sie zu entscheiden haben, mit Ausnahme dessen, was sie aus Nachrichtenkanälen oder den sozialen Medien erfahren. Das trifft ganz besonders auf den Klimawandel zu. Über dessen Ausmaß und Dringlichkeit wissen die meisten gewählten Politiker nahezu gar nichts.

In vielen Ländern ist das moderne demokratische System auch durch Unternehmen und die Reichen stark korrumpiert worden. Diese zahlen dafür, um das Ergebnis von Wahlen und die Gesetzgebung gemäß ihren Interessen zu beeinflussen. Statt sich auf die langfristigen Bedürfnisse derjenigen zu konzentrieren, die sie gewählt haben, lassen sich viele Politiker so zum Spielball von Unternehmen und deren Interessen machen. Neoliberale Ökonomen haben ihnen nämlich weisgemacht, dass Wirtschaftswachstum und minimale Regulierung die meisten Probleme wie von Zauberhand lösen würden. Infolgedessen treten viele Politiker in erster Linie für die Interessen der Unternehmen statt für die Bedürfnisse des Volkes ein, in dem Glauben, dass Wachstum Wohlstand bringe, auch wenn die Entwicklungen rund um sie herum vom Gegenteil zeugen. So überrascht es kaum, dass sich viele Wähler zunehmend verdrossen und entmündigt fühlen.

Damit das System effektiv funktionieren kann, müssen die Wähler natürlich eingebunden sein. Sie müssen ausreichend über die Angelegenheiten informiert sein, die sie betreffen. Aus diesem Grund schickt etwa die Schweizer Regierung jedem Bürger vor jeder nationalen Wahl ein umfangreiches Informationspaket zum Lesen zu.

Damit Demokratie sinnvoll funktionieren kann, benötigen die Menschen Zugang zu Ideen und Meinungen. Noch wichtiger ist aber, dass sie die Fakten kennen und objektive Gesichtspunkte präsentiert bekommen. Das ist in großen Teilen der reichen Welt heute schwierig, da Medienmogule und US-Technologiefirmen mit politischen Agenden die Fakten so zu verdrehen verstehen, wie es für ihre Ziele am dienlichsten ist.

Damit das System gut funktionieren kann, benötigen Wähler außerdem Versammlungsfreiheit. Sie sollten die Möglichkeit haben, politische Parteien zu gründen und sich für ihre Meinungen Gehör zu verschaffen, auch wenn das, was sie sagen, unangenehm oder umstritten ist. Wähler sollten auch die Freiheit haben, sich Meinungen zu bilden und ihre Überzeugungen zu diskutieren, ohne von jenen an den Schalthebeln der Macht kontrolliert zu werden. Wenn man weiß, dass man in seinen Ansichten und Gesprächen überwacht wird, hütet man sich davor, offen darüber zu reden, was man denkt. Überwachung schränkt die Freiheit der Menschen ein.

Das Recht auf Versammlungsfreiheit und das Recht auf freie Meinungsäußerung wurde teilweise aufgrund von Anti-Terror-Maßnahmen eingeschränkt. Unerwünschte Ansichten werden in vielen Ländern unterdrückt oder verlagern sich notgedrungen in den Untergrund. Persönliche Freiheiten werden ebenfalls eingeschränkt. Wer radikale Veränderungen in der Regierungspolitik einfordert, wie dies etwa Mitglieder der Extinction Rebellion oder

Occupy tun, darf mancherorts sein Demonstrationsrecht nicht mehr ausüben. Viele Regierungen überwachen ihre Bürger mittlerweile genau. Sie hören Telefonate ab, lesen ungeöffnete E-Mails und beobachten Online-Aktivitäten mithilfe von sozialen Medien.

Einige Länder, insbesondere die USA, Großbritannien und China, setzen Überwachungskameras ein, manche sammeln sogar DNA-Proben, auch von Personen, die keine Straftat begangen haben. In mehreren Ländern der reichen Welt werden muslimische Gruppen gezielt zur Observierung ausgewählt[3] und Journalisten[4] dafür festgenommen, dass sie über Ereignisse berichten, die ihre Regierungen vertuschen möchten. All das macht es schwieriger, frei zu denken und zu handeln. Das demokratische System wird ausgehöhlt.

Vor nur wenigen Jahrzehnten wären derartige Aktivitäten in modernen Demokratien undenkbar gewesen. Es wäre unvorstellbar gewesen, dass Regierungen ohne gerichtliche Zustimmung automatischen und uneingeschränkten Zugriff auf private Gesundheits-, Finanz-, Geschäfts- und Ausbildungsdaten oder persönliche Kommunikation haben. Der Staat konnte keine geheimen Durchsuchungen von Wohnungen oder Büros ohne entsprechenden Gerichtsbeschluss anordnen. Und doch sind derartige Aktionen in manchen sogenannten demokratischen Ländern heute erlaubt.

Die Demokratie hatte natürlich immer schon ihre Probleme. Aristoteles kritisierte sie als eine der drei »entarteten« Staatsformen. Auch die amerikanischen Gründungsväter waren nicht von ihr überzeugt. Sie fürchteten die Demokratie genauso sehr wie die Monarchie. Ihre Sorge war, dass eine demokratisch gewählte Regierung die Freiheit des Volkes einschränken würde, entweder weil sie zu schwach sei, um sie vor äußeren Bedrohungen zu schützen, oder weil sie zu mächtig werden und jeden Aspekt des Lebens übernehmen könnte. Der Grund dafür liegt auf der Hand.

# Eine Zombie-Demokratie mit verheerenden Konsequenzen

Das zweite Problem ist das allgemeine Wahlrecht, wonach jeder Bürger wählen darf und jede Stimme das gleiche Gewicht hat. Das ist einer der weiteren großen Unterschiede zwischen den heutigen Demokratien der reichen Welt und den Systemen in China und dem antiken Griechenland.

Die moderne Vorstellung von Gleichheit nimmt viele Formen an. Es gibt die Rassengleichheit, die Geschlechtergleichheit und die Chancengleichheit. Vor dem Gesetz ist jeder gleich, jeder hat die gleichen Rechte. Und jeder Wahlberechtigte hat in einer Wahl eine gleichberechtigte Stimme.

Trotzdem ist diese Vorstellung, dass jeder gleich sein sollte, nicht logisch. Menschen sind nicht gleich. Sie unterscheiden sich in Größe, Gewicht, Geschmack, Intelligenz und Verständnis der Dinge. Manche haben ein gutes Politikverständnis, während andere überhaupt kein Interesse daran haben. Manche verstehen, wie Wirtschaft und das Wahlsystem funktionieren, andere nicht. Dennoch haben aktuelle Auffassungen von Demokratie sowie populäre Vorstellungen von individueller Freiheit den Glauben daran verbreitet, dass jeder in einer Wahl eine gleichberechtigte Stimme und dass jede Meinung dasselbe Gewicht haben sollte. Dies ist verhängnisvoll und im Kontext des Klimawandels besonders problematisch.

Da jeder eine gleichberechtigte Stimme hat, muss sich eine Mehrheit einigen, bevor eine große gesellschaftliche Veränderung erfolgen kann. Für die Einführung der radikalen Gesetze, die für das Aus der Treibhausgasemissionen erforderlich sind, bedarf es der Unterstützung der meisten Wahlberechtigten, obwohl viele von ihnen weder das Ausmaß noch die Dringlichkeit des Problems verstehen und obwohl viele von ihnen aufgrund massiver Desinformation ein völlig falsches Verständnis der Lage haben. Dazu kommt, dass die meisten für eine Veränderung stimmen müssten, die ihr Leben – zumindest in materieller Hinsicht – verschlechtern würde. Das würden nur wenige tun.

Ein radikaler Richtungswechsel ist unabdingbar, wenn wir eine Krise verhindern wollen. Dies ist aufgrund des demokratischen Erfordernisses einer mehrheitlichen Zustimmung jedoch unmöglich. Das ist ein Hindernis, das kaum zu überwinden ist, zumindest nicht rechtzeitig. Bis die Mehrheit der Menschheit erkennt, dass eine radikale Veränderung notwendig ist – weil sie aufgrund von Stürmen oder aus Mangel an Wasser ihre Häuser und ihre Heimat verlassen müssen – wird die kritische Marke von 2 °C mit größter Wahrscheinlichkeit bereits erreicht worden sein.

Dieses Problem, »die Mehrheit überzeugen« zu müssen, gibt es in China nicht und gab es auch im antiken Griechenland nicht, da jene, die die regulatorischen Entscheidungen treffen (trafen), eine gut informierte Minderheit mit der Verantwortung ist (war), die Interessen der Mehrheit zu schützen.

Der moderne Gleichheitsgedanke lehnt sich außerdem stark am Neoliberalismus an, der den Einzelnen in den Vordergrund stellt und als primären gesellschaftlichen und wirtschaftlichen Akteur propagiert. Siehe Margaret Thatcher, die als prominente Vertreterin des Neoliberalismus den berühmten Ausspruch tat, »eine Gesellschaft gibt es nicht« (»there's no such thing as society«).

Dieser Glaube an die Gleichheit in Form von Individualismus ist es, der die Menschen zu der Überzeugung verleitet, dass sie eine bessere Welt aufbauen könnten, indem sie ihr Kaufverhalten ändern, dass sie persönlich für die Umweltprobleme verantwortlich seien und dass jeder persönlich als Kunde König sei. Probleme der Gesellschaft und der Umwelt sind die Schuld des Einzelnen, so das gängige Narrativ, nicht die Schuld der Chefetagen großer Konzerne. Multinationale Großkonzerne werden als frei von Schuld dargestellt, da sie ja bloß auf die Forderungen des Marktes reagieren, und dieser Markt bestehe eben aus individuellen Einzelpersonen. Es gibt kein kollektives Interesse, denn, wie gesagt: »Eine Gesellschaft gibt es nicht.«

Individualismus wird von den Neoliberalen postuliert, weil es die Gesellschaft pulverisiert und jede individuelle Stimme schwächt. Da den Menschen gesagt wird, für viele gesellschaftliche und ökologische Probleme sei jeder Einzelne verantwortlich, sehen sie sich weniger veranlasst, kollektiv zu handeln. Aus demselben Grund sind sie auch weniger empfänglich für Gesetze, die individuelle Handlungen einschränken oder ihnen verbieten, umweltschädliche Produkte zu kaufen. Durch Forcierung des Individualismusgedankens ebnet der Neoliberalismus den Weg für minimale Regulierung.

Da die Gesellschaft außerdem in dem Glauben bestärkt wird, jedermanns Standpunkt sei gleich viel wert und müsse berücksichtigt werden, unabhängig davon, wie gut oder schlecht die Person informiert ist, geht die Stimme derjenigen mit echter Expertise unter. Weil also die Stimmen der Intelligenten und Informierten von der schlecht oder falsch informierten Mehrheit übertönt werden, können diejenigen, die vom neoliberalen Wirtschaftssystem am meisten profitieren, ihre finanziellen und ökologischen Raubzüge nahezu ungehindert weiter fortsetzen.

Dieser Glaube an die »Gleichheit aller Stimmen« ist es, der Menschen dazu bringt, an den Klimawandel zu »glauben« oder ihn zu »leugnen«, ohne zu verstehen, wovon sie eigentlich reden – und der dazu führt, dass andere dies respektieren müssen. Jede Meinung wird als zulässig behandelt, auch wenn sie komplett falsch ist.

Genau das ist auch der Grund, weshalb viele ansonsten intelligente Menschen das Drängen auf endloses Wirtschaftswachstum unterstützen. Sie glauben, dass Wirtschaftswachstum höhere Lebensstandards bringe und dass jeder Einzelne durch sein individuelles Handeln die fortschreitende Umweltzerstörung verlangsamen könne, weil man ihnen gesagt hat, dass sie so zu denken haben, und weil die Mehrheit aktuell so denkt. Da diese Vorstellungen mittlerweile so weitverbreitet sind, werden sie von den meisten Menschen nicht mehr hinterfragt. Sie erkennen nicht, dass das Wirtschaftswachstum die *Ursache* der Umweltzerstörung ist, und sie denken nicht darüber nach, dass die Verantwortung eigentlich bei den Unternehmen liegt, die mangels staatlicher Regulierung nach eigenem Profitdenken schalten und walten.

Dasselbe gilt für die Mehrheit all jener, die die aktuellen Vorstellungen von Demokratie unterstützen, ohne sie kritisch zu hinterfragen. Auch wenn sie sehr wenig über die Grundsätze der Demokratie wissen oder was für das ordnungsgemäße Funktionieren des Systems erforderlich ist, unterstützen sie das aktuelle System, weil die meisten anderen es auch tun. Sie geben ihre Stimme für nicht qualifizierte Personen ab und verteidigen das allgemeine Wahlrecht, weil ihnen gesagt worden ist, dass dies der beste und einzige Weg sei, weil es oberflächlich betrachtet sinnvoll erscheint und weil sie sich kein anderes System vorstellen können.

Dieses Phänomen ist bekannt als die »Tyrannei der Massen«[5] oder auch als »Verlust des rationalen Denkvermögens«.

Der Verlust des rationalen Denkvermögens ist in der deutschsprachigen Welt noch nicht so stark fortgeschritten, zumindest derzeit noch nicht. Aber in den englischsprachigen, stärker neoliberal geprägten Ländern ist die Vorstellung, dass jede Meinung gleiches Gewicht hat, unabhängig von Bildung, Intelligenz oder Expertise, weitverbreitet. So weit sogar, dass sich führende Politiker wie der britische Konservative Michael Grove zu Aussagen bemüßigt fühlen wie: »Ich glaube, die Menschen in diesem Land haben die Nase voll von all den Experten.«[6]

Diese Denkart liegt auch den vielen verhetzenden Twitterstürmen und Cybermobbings zugrunde, da sie schlecht informierte und selbstbezogene Egotrip-Menschen dazu ermutigt, sich gegen jeden auszusprechen, deren Ansichten ihnen gerade nicht passen.

Das Konzept der Gleichwertigkeit jeder Stimme unterminiert die rationale Entscheidungsfindung und die gesunde Weiterentwicklung der Menschheit, da es die Gesellschaft dem Joch einer schlecht informierten Mehrheit unterwirft.

So wurden auch die Stimmen vieler Wissenschaftler zum Schweigen gebracht, auch wiederum dank neoliberaler Einflüsse. Statt ihnen zu erlauben, dass sie ihr Wissen und ihre Erkenntnisse zu zentralen Themen von großer gesellschaftlicher Tragweite einbringen oder Forschungen betreiben, die die Menschheit voranbringen könnten, wurden viele der intelligentesten Mitglieder der Gesellschaft damit beschäftigt, endlose Abhandlungen für obskure Publikationen zu schreiben, die kaum jemand liest, in der Hoffnung, dass ihre Arbeiten irgendwann, Jahre später, veröffentlicht werden. Was im universitären Kontext zählt, ist offenbar die Anzahl der wissenschaftlichen Veröffentlichungen und wie oft diese zitiert werden, nicht die Qualität der Aussagen. Dabei gelten auch Aussagen wie »diese Abhandlung ist mangelhaft« im akademischen Sinn als Zitierung.

Dies hat zu einer gewaltig gestiegenen Anzahl wissenschaftlicher Journale und Aufsätze geführt, von oft fragwürdiger Qualität, und dazu, dass viele der brillantesten Köpfe der Welt in irgendwelchen Kämmerchen fernab des Geschehens jahrelang über der Abfassung von Artikeln brüten oder auf Doktorate in so orchideenhaften Bereichen studieren, dass nur eine Handvoll Menschen deren Wert zu schätzen vermag.

Neoliberale Vordenker haben die Universitäten davon überzeugt, sie müssten »wettbewerbsorientiert« agieren, um erfolgreich bestehen zu können. Sie müssten ihre Tätigkeiten anhand von neoliberalen finanziellen Maßstäben rechtfertigen, im Sinne von Kosten und Renditen. Alles, was sie tun, müsste quantifiziert werden, damit ihre Leistung verglichen und dann bewertet werden könnten. Infolgedessen verbringen viele erfahrene Wissenschaftler einen Großteil ihrer Zeit in Fach- und Verwaltungsausschüssen, füllen endlose Evaluationsformulare aus oder tüfteln an Budgets, in der Hoffnung, eine Förderung zu ergattern, deren Höhe an ihrem Ranking in irgendwelchen Audits bemessen wird.

In der Bevölkerung insgesamt hat diese Demokratisierung der Meinungen und Beförderung von Experten an akademische Nebenschauplätze zu einem immer stärker um sich greifenden Populismus beigetragen. Der Wert jener Personen, die in Zeitungen schreiben, in den sozialen Medien posten, YouTube-Videos hochladen oder Fernsehshows moderieren, bemisst sich nicht daran, wie fundiert oder klug sie sind, sondern wie unverschämt und kontrovers sie sich geben. Je mehr Klicks, Traffic und Kommentare sie generieren, desto höher sind die Werbeeinnahmen und desto höher werden folglich ihre Meinungen geschätzt. Im Endergebnis werden also die obskuren Ansichten irgendwelcher Dummschwätzer mitunter ernster genommen als jene, die Nützlicheres und Konstruktiveres zu sagen hätten. Die Gleichstellung aller Meinungen hat die kommerzialisierte Verdummung der Massen ermöglicht, zu höchst erklecklichen Profiten obendrein.

Im Kontext des Klimawandels ist dies ein Riesenproblem, da die Stimmen derjenigen, die sehr wenig oder gar nichts über die wissenschaftlichen Daten und Fakten wissen, mit jenen gleichgestellt werden, die Experten sind. Es gibt Personen in den USA, die Treibhausgase als »kein Problem« bezeichnen, da diese ja nur in winzigen

Konzentrationen in der Atmosphäre vorhanden seien. Deren Vorhandensein sei daher unwichtig, argumentieren sie, ohne die Wissenschaft dahinter auch nur ansatzweise verstanden zu haben. Das Fatale daran ist, dass andere ihnen glauben. Vielleicht sollten diese Personen versuchen, ohne die winzigen Mengen an Sulfur, Natrium oder Kalium in ihrem eigenen Körper zu leben. Dann würden sie rasch erkennen, wie groß die Wirkung auch kleinster Mengen ist.

In den Worten des Wirtschaftshistorikers Richard Smith: »Durch Nutzung der Demokratie, um das Bewusstsein abzustumpfen, Selbstgefälligkeit zu nähren und Widerstand zu dämpfen, ist es dem Neoliberalismus gelungen, die liberale Demokratie in eine Zombie-Demokratie zu verwandeln, mit verheerenden Konsequenzen.«[7]

In manchen Ländern sind Wahlen mittlerweile kaum mehr als eine Form der Unterhaltung. Sie füllen die Schlagzeilen und schaffen die Illusion eines Mitspracherechts, ohne etwas zu verändern. Das Ergebnis bringt der Mehrheit keine Verbesserung ihres Lebensstandards ein, auch dann nicht, wenn eine neue Partei an die Macht kommt. Denn das Wahlvolk erfüllt nur mehr die Rolle der Zuschauer in einem Zirkus, bei dem die Clowns und Akrobaten im Ring den Unternehmen Profite zuschanzen.

Die moderne Auffassung von Demokratie ist außerdem zu etwas anderem geworden – zu einem Werkzeug des Neokolonialismus. So wie der freie Markt wird auch die Demokratie als Wundermittel verkauft, das die arme Welt von ihrer Entwicklungslast befreien kann, während jene Länder, die auf eine andere Herangehensweise setzen, etwa China, Russland, Kuba oder Venezuela, geächtet und isoliert werden, weil sie sich weigern, die neoliberale Denke zu übernehmen.

Der armen Welt wird gesagt, dass Demokratie und Neoliberalismus sich harmonisch ergänzen. Wie so vieles andere in der neoliberalen Bibel ist auch das gelogen. In Wirklichkeit sind der

Neoliberalismus und die Demokratie Todfeinde. Keiner, der ein Unternehmen führt oder einen Markt zu kontrollieren versucht, hat Interesse daran, dass seine Aktivitäten durch Forderungen des Volkes eingeschränkt werden. Das nennt man Kommunismus.

Statt den Regierungen der armen Welt die Möglichkeit zu geben, ihren sozialen Fortschritt selbst zu lenken, rät man ihnen, dem Volk die Wahl zu geben. Statt ihnen zu erlauben, dass sie ihre eigenen Industrien in der Aufbauzeit schützen und fördern, macht man ihnen weis, sie müssten Bürokratie abbauen, ihre Märkte für den freien Handel öffnen und Wirtschaftswachstum zu ihrem Ziel machen.

Infolgedessen wählen weltweit arme Menschen, die oft nur wenig Bildung haben und nicht ausreichend Einblick in wirtschaftliche und soziale Entwicklungsfragen oder in die Agenda der reichen Welt haben, politische Anführer, die der neoliberalen Denke folgen, deren Konsequenzen aber nicht verstehen. Indem sie ihre Märkte öffnen und nur wenige Auflagen vorschreiben, gibt die arme Welt den multinationalen Konzernen der reichen Welt grünes Licht für ihre Plünderungen. Lokale Unternehmen haben gegen die enormen technologischen und finanziellen Ressourcen ihrer Rivalen in der reichen Welt keine Chance.

Den gewählten Politikern wird gesagt, sie bräuchten sich nicht um die Planung von Städten, den Bau von Straßen, das Sammeln von Müll oder die Bereitstellung von sauberem Wasser zu sorgen. Dies könnten sie getrost privaten Unternehmen überlassen, wird ihnen erklärt. Doch von dieser essenziellen Infrastruktur wird nur sehr wenig je gebaut, da dabei nicht genug Gewinn herausspringt. Stattdessen werden Wolkenkratzer, Bürokomplexe und Einkaufszentren für die Wohlhabenden errichtet. Da nicht genügend Straßen dafür gebaut werden, kommt es zu Staus und Luftverschmutzung. Echte Entwicklung findet nicht statt, es kommt lediglich zu materiellem Wohlstand für einige wenige und Elend für die große Mehrheit.

Das Dogma der Demokratie in Kombination mit dem Zauber des Neoliberalismus ist die Giftpille, die es der reichen Welt erlaubt, auch andere Länder zu eigennützigen, schuldengetriebenen, umweltzerstörenden, konsumorientierten Gesellschaften zu machen. Es propagiert die von Richard Smith kritisierten »Zombie-Demokratien«, die lediglich den Ansprüchen der Unternehmen in der reichen Welt und ihrer Eigentümer dienen.

## Ist Demokratie eine Ursache des Klimawandels?

An den Anfang ihres Buches zu Demokratie und Klimawandel[8] stellt die Wissenschaftlerin aus Taiwan Chien-Yi Lu eine Frage, die die meisten Menschen vermutlich als abwegig und unnötig abtun würden: »Ist die Demokratie zum Teil dafür verantwortlich, dass wir uns auf die Selbstzerstörung und politische Trägheit zubewegen, die unsere Überlebenschance zunichtemachen?«

Für viele Menschen hat es den Anschein, als seien es die Klimaleugner und die Ölindustrie, die ein radikales Handeln behindern, indem sie Verwirrung stiften und Zweifel an dem Problem säen. Ihre Strategie bestehe darin, politische Maßnahmen zu sabotieren, die Debatte zu ersticken und die Aufmerksamkeit auf andere Themen zu lenken.

Doch Chien-Yi Lu argumentiert, dass dies nicht ausreichend erklärt, weshalb die Menschheit so zögerlich reagiert. Sie führt an, dass die Lobbyisten und Unternehmer, die ihre Interessen schützen wollen, auch »Allianzen brauchen, um andere Kräfte in der Gesellschaft zu beherrschen und Veränderungen zu blockieren«.[9] Diese Allianzen existierten in vielen Ausprägungen, unter anderem an Wirtschaftshochschulen und in den Medien. Infolgedessen verlören sich die meisten Menschen nahezu überall in einer intellektuellen Welt gezielt gestreuten Irrglaubens, den sie übernommen und als eigene Überzeugung verinnerlicht haben, sodass eine kleine Mehrheit weiter Gewinne machen könne.

Würde das demokratische System ordnungsgemäß funktionieren, wäre der Klimawandel nicht zu einem derart existenziellen Problem geworden. Die Erwärmung der Erde, die Verschmutzung der Meere und der Verlust so vieler Arten wären nicht oder zumindest überwiegend nicht ignoriert worden. Die Bürger wären ausreichend gut darüber informiert worden, was da passiert, und große Unternehmen sowie die Reichen wären nicht in der Lage gewesen, die politischen Agenden zu ihrem eigenen kurzfristigen finanziellen Vorteil zu vereinnahmen. Die Stimme der grünen Bewegung wäre gehört worden, und die gewählten politischen Entscheider hätten im langfristigen Interesse aller gehandelt.

Da aktuell nur mehr sehr wenig Zeit bleibt, muss die Menschheit radikale globale Notstandsgesetze einführen, um den fortschreitenden Klimawandel zu bremsen. Emissionen aus fossilen Brennstoffen müssen so rasch wie möglich auf null reduziert werden, und der Landwirtschaftssektor muss reformiert werden. Viele Industriesektoren müssen stillgelegt werden. Die Priorität muss Schadensbegrenzung sein.

Aufgrund unserer modernen demokratischen Systeme ist die Einführung von Notstandsgesetzen fast nicht möglich. Mindestens in Deutschland beinhaltet das Grundgesetz einen Notstandsparagrafen, der eine befristete Einschränkung demokratischer Prozesse aufgrund eines Ausnahmezustands ermöglicht – mit dem höheren Ziel, diesen abzuwenden. Bei der im Gesetz genannten »Bekämpfung der Naturkatastrophe« handelt es sich um nichts anders als um die Bekämpfung des drohenden Klimawandels. Deutschland hätte also die rechtliche Grundlage, den Inneren Notstand auszurufen, um die nötigen Gesetze umgehend umzusetzen.

Damit kommt Deutschland sogar eine besondere und wichtige Rolle zu. Es kann Vorbild für Europa sein – und Europa schließlich für den Rest der Welt. Trotzdem ist die Einführung eines solchen Notstandsgesetzes ohne die (mindestens teilweise) implizite Zustimmung des Volkes fast unmöglich, und es scheint derzeit höchst unwahrscheinlich, dass eine Mehrheit diese Erforderlichkeit akzeptieren wird.

Da jede Stimme dasselbe Gewicht hat und das rationale Denkvermögen abhandengekommen ist, haben die wenigen, die über die Gefahren ausreichend gut informiert sind, so gut wie keine Chance, die nötigen Veränderungen durchzusetzen. Ihre Stimmen gehen in der Kakofonie der uninformierten Meinungen unter. Am Ende des Kapitels kommen Maren Urner und Felix Austen zu Wort, die zwei mögliche Szenarien dieser Idee veranschaulichen und das Unmögliche zu Ende denken.

Das Fazit lautet also: Entweder wird das aktuelle demokratische System zeitweilig außer Kraft gesetzt, oder es wird rasch und radikal reformiert. Beide Wege sind mit erheblichen Risiken verbunden. Nichts zu tun wäre allerdings noch schlimmer.

Die vorübergehende Außerkraftsetzung der Demokratie, um die Einführung von Notstandsgesetzen zu ermöglichen, wäre die raschere Option. Neue Gesetze könnten schnell und mit minimaler Debatte verabschiedet werden. So auch, wie in Österreich 2019 die gewählte Regierung aufgelöst und eine technokratische Gruppe von Experten mit den Regierungsagenden betraut wurde, bis Neuwahlen stattfinden konnten, könnten Regierungsteams aus Klima- und Sozialentwicklungsexperten zur Lenkung des Wandels eingesetzt werden.

Dabei gibt es jedoch vier große Probleme. Erstens wäre eine solche Aktion extrem unpopulär, da viele Bürger sich weigern würden, ihr Recht auf die Wahl ihrer Regierung aufzugeben.

Zweitens, da es für das Klimaproblem keine schnelle Lösung gibt, müsste das demokratische System für eine lange Zeit außer Kraft gesetzt werden – vielleicht sogar über Jahrzehnte. Damit verbunden wäre die Gefahr, dass die Anführer einer technokratischen Expertenregierung ihre Stellung missbrauchen könnten oder sich weigern würden, dann abzutreten, wenn sie nicht mehr benötigt würden. Dieses Risiko sollte aber bewältigbar sein, wenn man es im Voraus ausreichend berücksichtigt.

Drittens besteht die Gefahr, dass mit der Übertragung der Kontrolle an eine technokratische Expertenregierung die Bürger das Gefühl bekommen, in einer Öko-Diktatur zu leben. Dieses Problem wird schwieriger zu lösen sein, da die extremen Maßnahmen, die notwendig sind, um den Klimawandel zu bremsen, generell nicht gut ankommen werden. Viele Menschen werden zumindest temporär ihre Arbeit verlieren, und alle werden ihre Lebensweise umstellen müssen. Wenn man durch Wahrung von Offenheit und Transparenz dafür sorgt, dass alle über die Geschehnisse vollends informiert sind, kann man das Problem entschärfen. Wer seinen Job verliert, kann Unterstützung erhalten, und Arbeit könnte gleichmäßiger verteilt werden. Alle gleich und gerecht zu behandeln kann ebenfalls dazu beitragen, Sorge und Unbehagen zu reduzieren.

Das Gefühl einer erzwungenen und unwillkommenen Veränderung wird jedoch nur sehr schwer vollends auszuräumen sein, denn ohne umfangreiche und einschneidende wirtschaftliche Eingriffe lässt sich der Klimawandel mittlerweile nicht mehr bremsen. Wäre dies nämlich möglich, hätten heutige Politiker vielleicht schon das Nötige getan. Damit eine zeitweilige Außerkraftsetzung der Demokratie funktionieren kann, müssen die Bürger daher zuerst verstehen und sich im Klaren sein, dass ein Weiterleben wie derzeit nicht mehr möglich ist und dass nur ein radikales und dauerhaftes Umdenken noch etwas bewirken kann.

Viertens: Wenn nur wenige Länder die drastische Maßnahme einer zeitweiligen Aussetzung der Demokratie ergreifen und den Notstand ausrufen würden, während andere ihren zerstörerischen Weg fortsetzten, würde nur wenig erreicht werden. Wenn Deutschland oder die gesamte EU die Demokratie zeitweilig außer Kraft setzt und radikale Maßnahmen ergreift, um das Tempo der globalen Erwärmung zu verlangsamen, andere Länder jedoch nichts unternehmen, wäre das globale Ergebnis kaum anders als jetzt. Die Durchschnittstemperatur der Erde würde immer noch Anfang der 2030er-Jahre den kritischen Kipppunkt erreichen.

Wenn wir die nötigen Schritte setzen wollen, um das Klimaproblem zu bewältigen und die Menschheit zu retten, wird uns das nur gelingen, wenn wir andere mit ins Boot holen. Zusätzlich zur EU müssen mindestens auch China, die USA, Japan, Russland und Indien mitziehen. Falls Deutschland – oder auch ein anderes Land – entscheidet, den ersten Schritt zu tun, würde es dies im Geiste einer Vorbildwirkung für andere Nationen tun, nicht in der realistischen Hoffnung, die Erderwärmung im Alleingang bremsen zu können. Die Bürger des Landes müssten sich darüber im Klaren sein, dass sie ein großes Opfer bringen würden, das womöglich keinem sichtbaren Zweck dient. Ich werde am Ende noch einmal auf dieses Problem zurückkommen.

Falls man sich für den Weg der demokratischen Reform entscheidet statt für die zeitweilige Aussetzung demokratischer Systeme, bestünde das größte Problem darin, wie dies in der Praxis rasch und gezielt erreicht werden kann, insbesondere wenn nur wenig Druck oder Begeisterung für eine solche Veränderung besteht.

Dieses Dilemma erscheint nahezu unlösbar. Wie kann eine gut informierte Minderheit, die sich im Klaren darüber ist, was hier auf dem Spiel steht, die erforderlichen Veränderungen innerhalb des demokratischen Systems durchsetzen?

Die einzig mögliche Antwort ist: durch kollektives Handeln.

Ich habe vorhin bereits darüber geschrieben, was Menschen als Einzelpersonen tun, wenn sie versuchen, den Klimawandel aufzuhalten, und habe erklärt, warum Recycling, der Kauf eines Elektroautos und weniger Flüge die Zukunftsaussichten nicht maßgeblich beeinflussen würden. Nur durch kollektives Handeln können Einzelne die radikale Veränderung forcieren, die nötig ist.

In den letzten Jahren ist die Wahrscheinlichkeit eines solchen gemeinschaftlichen Handelns gestiegen. Neben Fridays for Future und Extinction Rebellion gibt es viele weitere Gruppen weltweit, die aktiv eine radikale politische Reaktion auf den Klimawandel einfordern.

Statt auf den Straßen zu demonstrieren, was relativ wenig Maßgebliches zu bewirken scheint, schlage ich vor, dass sich diese Gruppen zusammentun und auf demokratische Reformen drängen, indem sie eine Reihe von Volksversammlungen einrichten, die international miteinander vernetzt sind. Durch diese Versammlungen können sie mehr Einfluss auf gewählte Regierungen, staatliche und öffentliche Einrichtungen, Unternehmen und die Allgemeinheit ausüben. Sie können die Mehrheit aufklären und dazu motivieren, an Aktionen zur Durchsetzung eines radikalen Umdenkens mitzumachen.

Die Versammlungen sollten …

- auf ein radikales Umdenken in Fragen des Klimawandels drängen.
- die gewählte Regierung und sonstige staatliche Einrichtungen hinsichtlich der Einhaltung festgelegter Ziele in den Be-

reichen Wirtschaft, Finanzen, Wohlfahrt, Arbeitslosigkeit, internationale Beziehungen etc. genau beobachten und verfolgen.

- die langfristigen Interessen und das Wohlergehen der Mehrheit und zukünftiger Generationen schützen, auch wenn dies zu kurzfristigen Herausforderungen führt.
- die Aktivitäten von Unternehmen aktiv verfolgen und mittels Lobbyarbeit darauf hinarbeiten, dass Unternehmen besser reguliert werden und ihr Verhalten verändern.
- neue Gesetze vorschlagen und deren Umsetzung forcieren.
- die Anliegen marginalisierter Menschen und Gruppen am Rande der Gesellschaft vertreten.
- die Grundrechte der Bürger verteidigen.

Solche Versammlungen hätten natürlich keine rechtlichen Machtbefugnisse. Aber es erscheint mir schwer vorstellbar, dass eine gewählte Regierung die Anliegen einer sehr großen Gruppe gut informierter, gut organisierter Bürger, die ihre Ziele sehr ernsthaft verfolgen und nur daran interessiert sind, für alle langfristig das Beste zu erreichen, ignorieren würde. Einen Versuch ist es allemal wert.

Die beiden Essays auf den folgenden Seiten beleuchten das Thema Notstand mit allen Chancen und Gefahren. Sie sind bereits 2016 und 2017 in dem Online-Magazin Perspective Daily erschienen und wurden für dieses Buch aktualisiert. Gerade die Vision, die im zweiten Essay »Wie weit würdest du gehen, um dich zu retten?« gezeichnet ist, soll bewusst aufstoßen. Ziel dieses Textes ist es nicht, diese Szenerie gutzuheißen, sondern eine Diskussion anzuregen. Wohin wird uns der Klimawandel führen?

# In 5 Jahren ist der Notstand der einzige Weg für Deutschland

## Sonst sind die Tage von Freiheit und Demokratie gezählt. Mit dem Marix-Programm können wir die Kehrtwende schaffen

von Maren Urner und Felix Austen

1. März 2025. Plötzlich heulen Sirenen auf. Polizisten und bewaffnete Soldaten sperren Verkehrsknoten und Hauptstraßen in den Städten, innerhalb weniger Stunden sind die Straßen wie leer gefegt. Zu Fuß drängen die Menschen zu den Supermärkten, um Lebensmittel zu hamstern: Mit Wasserflaschen, Konservendosen und einer gehörigen Portion Verunsicherung eilen sie nach Hause. Auf allen Medienkanälen brabbeln Moderatoren und Kommentatoren wild durcheinander. Die Handynetze sind überlastet. Eltern texten ihren Kindern: »Alles ok bei euch? Seid ihr in Sicherheit? Wisst ihr, was los ist?« Über die Bildschirme flimmern rote fette Eilmeldungen: »Bundesregierung ruft den Inneren Notstand aus.«

*»Die Freizügigkeit darf unter anderem in folgenden Fällen eingeschränkt werden: zur Abwehr einer drohenden Gefahr für den Bestand der freiheitlichen demokratischen Grundordnung des Bundes sowie zur Bekämpfung von Naturkatastrophen oder schweren Unglücksfällen.«*

*– Zusammenfassung der Notstandsparagraphen des Deutschen Grundgesetzes*

Unsere freiheitliche demokratische Grundordnung ist in Gefahr?

## Das Notstandsprogramm tritt in Kraft

Am frühen Abend richtet sich Bundeskanzlerin Angela Merkel an die deutsche Bevölkerung:

*Liebe Mitbürgerinnen und Mitbürger,*

*am heutigen Samstagmorgen haben wir, die deutsche Bundesregierung, den Inneren Notstand in unserem Land ausgerufen. Wir sind davon überzeugt, keine andere Wahl zu haben, als jetzt zu handeln, um in den kommenden Jahren Schlimmes von unserem Land abzuwenden. Das Wichtigste ist jetzt, dass wir alle Ruhe bewahren und uns besonnen der Herausforderung stellen.*

*[…]*

*Die Pfeiler unserer freiheitlichen demokratischen Grundordnung sind in Gefahr, wenn wir nicht sofort entschieden handeln. Im Einzelnen bedeutet das Folgendes: Für die kommenden Jahrzehnte müssen wir mit gravierenden **Wachstums- und Wohlstandseinbußen** rechnen, eine dauerhafte, tief greifende Rezession eingeschlossen.*

*Die **Arbeitslosigkeit** wird stark ansteigen. Fallende Steuereinnahmen werden radikale Kürzungen der Sozialleistungen erzwingen. Die Qualität der Lebensmittel wird langfristig nicht gewahrt werden können.*

***Versorgungsengpässe** stehen bevor. Die Reinheit von Luft und Wasser wird nicht mehr gewährleistet sein. Für die Elektrizitäts-, Energie- und Rohstoffversorgung geht die Regierung von regelmäßigen Engpässen aus.*

*Unsere **Gesundheitsversorgung** wird anhaltend überlastet sein, da sich chronische Erkrankungen aufgrund von Verschmutzungen schnell ausbreiten werden.*

*Diese vier Entwicklungen werden soziale Spannungen verursachen und für gewalttätige Ausschreitungen sorgen. Die Sicherheit im öffentlichen Raum wird nicht mehr zu jeder Zeit gewährleistet sein. Antidemokratische Strömungen werden einen Rekordzulauf verzeichnen; die Grundprinzipien des Rechtsstaates sind gefährdet.*

*Internationale Zusammenarbeit und Diplomatie werden zunehmend schwieriger. Eine aggressive Außen- und Handelspolitik wird die Verhältnisse der Nationen prägen. Die Reisefreiheit wird eingeschränkt.*

*[…]*

*Um unsere freiheitliche demokratische Grundordnung langfristig zu sichern, tritt deshalb mit sofortiger Wirkung das 12-monatige Marix-Notstandsprogramm in Kraft. Gemeinsam können wir es schaffen, die genannten Bedrohungen abzuwenden.*

Bei sozialen Medien, am Küchentisch und am Stammtisch wird wild spekuliert, erste Verschwörungstheorien kursieren. Die Empfehlungen der Bundesregierung im vergangenen August, Lebensmittel- und Trinkwasservorräte für mindestens zwei Wochen anzulegen, erhalten neue Brisanz.

Was zur Hölle ist los?

## Die Demokratie ist zu langsam

Ein gewaltiger Terroranschlag auf deutschem Boden? Ein eingeschlepptes, gefährlich mutiertes Grippevirus aus Fernost mit Seuchengefahr? Eine Cyberattacke? Oder ein klassischer Angriffskrieg: Hat eine benachbarte Nation den Krieg erklärt, und die Panzer stehen an der Grenze?

Nichts von alledem. Der Beweggrund der Regierung, erstmals den Inneren Notstand auszurufen, ist die universelle Bedrohung durch die globale Erwärmung und das Überschreiten weiterer planetarer Grenzen.

Die Analysen der Ministerien, ungezählte wissenschaftliche Studien und geheimdienstliche Berichte sprechen eine klare Sprache: Mit unserer aktuellen Wirtschaftsweise rauben wir uns unsere eigene Existenzgrundlage. Die Technik und das Wissen dafür haben wir – wir müssen nur noch so weise sein, beides zu nutzen.

Und zwar schnell: Denn die genannten Bedrohungen warten nicht auf langsame, sukzessive Anpassungen, sondern erfordern schnelles Handeln. Uns bleiben keine 10 Jahre, um umzulenken. Um die Demokratie langfristig zu sichern, reichen herkömmliche demokratische Prozesse nicht aus. Notstand und Marix-Programm sind nötig.

Die 12 Monate sind in 3 Phasen unterteilt:

1. Beendigung des Status quo (2 Monate)
2. Umbau (4 Monate)
3. Gewöhnung (6 Monate)

Dabei werden alle Aktivitäten und Prozesse auf zwei Faktoren geprüft: grundordnungsgefährdend (GOG) und grundordnungserhaltend (GOE). Die Kennzeichnung durch »GOG« und »GOE« sorgt für Transparenz. Die konkreten Maßnahmen beziehen sich auf die 5 systemkritischen Lebensbereiche: *Finanzen, Verkehr, Ernährung, Wohnen und Arbeit.*

## Phase 1: »Wir drücken den ›Reset‹-Knopf«

Phase 1 hat das klare Ziel, alle klima-, umwelt- und somit GOG-Vorgänge und -Aktivitäten zu stoppen. Diese Phase dient dem Übergang, alle Maßnahmen sind temporär begrenzt.

Im Marix-Programm der Regierung heißt es:

- Finanzen: Sämtliche Investitionen in GOG-Unternehmen und -Produkte werden divestiert und in GOE-Maßnahmen reinvestiert. Die Finanzwirtschaft wird neu reguliert, Anlagen sind nur in die GOE-Realwirtschaft möglich. Das frei gewordene Kapital fließt in den neu gegründeten Gesellschaftsfonds.

- Verkehr: Die Nutzung sämtlicher auf Verbrennung fossiler Brennstoffe basierenden Individual-Transportmittel ist untersagt. Zugelassen und empfohlen sind alle anderen Verkehrsträger, unter anderem: Fahrrad, elektrisch betriebene Züge und batteriebetriebene Pkw.

- Ernährung: Die industrielle Tierhaltung und -zucht wird beendet. Die aktuellen Tierbestände daraus dienen der Ernährung während Phase 1. Importe aus nicht angrenzenden Ländern werden gestoppt. Regionale, pflanzliche Lebensmittel sind nicht beschränkt und werden auch über Phase 1 hinaus an örtlichen Vergabestellen in Maßen kostenfrei zur Verfügung gestellt.

- Wohnen: Sämtliche Neubauaktivitäten sind sofort einzustellen. Umbauten und Sanierungen sind gemäß den geltenden Nachhaltigkeitsstandards reguliert. Alle Bürger dürfen die Menge Energie verbrauchen, die zum Beheizen und Beleuchten der ihnen zustehenden 45 Quadratmeter nötig ist. Die Raumtemperatur darf nicht künstlich über 20 °C gehoben werden. Bei Wohnraummangel werden zusätzliche Wohnflächen der Allgemeinheit zur Nutzung freigegeben.

- Arbeit: Jedwede Arbeit, deren Ausführung oder Ziel als GOG gilt, ist einzustellen. Dazu gehören alle Tätigkeiten, die direkt oder indirekt Treibhausgase in GOG-Form ausstoßen. Darunter fallen der Handel und die Bewerbung von GOG-Gütern. Die Energiegewinnung über fossile Brennstoffe wird gestoppt, vorhandene Arbeitsressourcen werden auf den Aufbau von GOE-Energiequellen umgeleitet.

Die ersten 2 Monate des Marix-Programms – die Stilllegung – stehen ganz im Zeichen des Umbruchs. Die Menschen sind verunsichert, fürchten um ihre Grundrechte und -freiheiten. Proteste flammen auf, es kommt zu gewalttätigen Ausschreitungen.

Die Regierung antwortet darauf mit einer sorgsam nach kommunikationswissenschaftlichen Erkenntnissen orchestrierten Aufklärungsoffensive: Medien, Bildungseinrichtungen, Gewerkschaften, Kirchen und Verbände sind darauf vorbereitet, der Bevölkerung die Zusammenhänge zwischen ihrem Handeln und der Gefährdung für die Grundordnung zu erklären.

Das Kalkül, die Maßnahmen nicht mit Gewalt, sondern mit Überzeugungskraft durchzusetzen, geht auf: Die Mehrheit der Bevölkerung teilt die Ziele des Marix-Programms. Sie hat verstanden, dass es nicht um den Machterhalt der Eliten, nicht um den Erhalt entfernter Naturreservate oder das Überleben einer exotischen Rattenart im Regenwald geht. Sondern darum, ob das, was wir »Leben« nennen, Bestand haben wird: gutes Essen, saubere Luft zum Atmen, eine Zukunft für unsere Kinder. Freiheit, Frieden und Sicherheit.

## Phase 2: »Wir programmieren das System neu«

In Phase 2 erfolgt der Umbau. Die fünf lebensrelevanten Bereiche *Finanzen, Verkehr, Ernährung, Wohnen* und *Arbeit* werden so umstrukturiert, dass die globale Erwärmung und das Überschreiten weiterer planetarer Grenzen gestoppt und die Grundordnung langfristig erhalten werden kann. Infrastruktur, Arbeitsplätze und Produktionsstätten werden auf

GOE-Aktivitäten umgestellt. Neue Gesetze, Abläufe und Verordnungen werden eingeführt. Sie regeln unter anderem den schnellen und sukzessiven Umbau.

Im Marix-Programm der Regierung heißt es:

- **Finanzen:** Das Maximaleinkommen beträgt das 12-Fache des gesetzlichen Mindestlohns, die Versteuerung verläuft linear. Überschüsse werden eingezogen und fließen wie alle Steuereinnahmen in den Gesellschaftsfonds. Eine CO2-Steuer belegt alle aktiven und passiven Emissionen, die 2 Tonnen pro Person übersteigen, mit einer Abgabe von 5 Prozent der persönlichen Jahreseinkünfte pro Tonne.

- **Verkehr:** Öffentlicher Nah- und Fernverkehr wird deutschlandweit pauschal und kostenfrei bereitgestellt. Die Finanzierung erfolgt aus dem Gesellschaftsfonds. In allen Städten ab 15.000 Einwohnern wird das Fahrradwegenetz massiv ausgebaut, übergangsweise durch Fahrbahnmarkierungen und Ampelschaltungen. Bei allen künftigen Umbaumaßnahmen haben Rad- und Schienenverkehr Vorrang. Wohngegenden und Innenstädte werden weitestgehend verkehrsberuhigt. Neue Straßen werden nur in Sonderfällen gebaut.

- **Ernährung:** Zu den GOE-Produktionsformen gehört die regional limitierte und gesetzeskonforme Tierhaltung. Produktion, Vertrieb und Konsum aller tierischen Lebensmittel sind über ein Punktesystem geregelt (10 Punkte pro Person und Monat). Alle Lebensmittel müssen gemäß GOE-Prinzipien produziert werden. Die Vernichtung noch verzehrbarer Lebensmittel ist verboten. Nicht benötigte Lebensmittel werden an zentralen Vergabestellen kostenfrei verteilt.

- **Wohnen:** Neubauten müssen einen strengen Zulassungsprozess durchlaufen und dem Aktivstandard entsprechen, dürfen im Jahresmittel keine Energie verbrauchen und keine Emissionen oder Abfall erzeugen. Freiflächen dürfen nicht versiegelt werden. Für die energetische Sanierung und den Verbau neuer Wärmepumpen werden über 5 Jahre jährlich 10 Milliarden Euro aus dem Gesellschaftsfonds bereitgestellt. Wohnfläche darf weder den Energieverbrauch noch den Emissionsausstoß einer durchschnittlichen 45-Quadratmeter-Wohnung aus dem Referenzjahr 2015 überschreiten.
  Alle Wohnhäuser werden mit einer Solaranlage, einem Heimspeicher und einer intelligenten Steuereinheit ausgestattet. Waschmaschinen, Spül- und Kühlgeräte müssen jeweils von einer Mindestanzahl an Nutzern geteilt werden und dem Energiestandard A+++ entsprechen. Für den Austausch von anderen Geräten werden staatliche Mittel bereitgestellt.
  Die Menge des Mülls darf maximal 10 Prozent des Vorjahreswertes betragen. Regulierungen für Verpackungen wirken dabei unterstützend.

- **Arbeit:** Jede Arbeit wird auf ihren GOE-Charakter, ihre Sinnhaftigkeit geprüft. Das bedeutet erstens: Arbeit, deren Ausführung die Grundordnung durch

Emissionen gefährdet, wird entsprechend umgestaltet oder aufgegeben. Zweitens: Die Ergebnisse jeglicher Arbeit sollten die Grundordnung nicht nur erhalten, sondern fördern.
Konkret heißt das: Deutschlands große Fabriken und die gut ausgebildeten Fachkräfte, die derzeit Pkw mit Verbrennungsmotoren fertigen, bauen nach entsprechenden Umschulungen Elektroautos, Fahrräder und erneuerbare Energiequellen.
Die arbeitslos gewordenen Menschen erhalten, wie alle Bürger, eine staatliche Grundversorgung von 1.000 Euro pro Monat, finanziert durch den Gesellschaftsfonds. Aufgrund der neu entstehenden Geschäftsfelder und der Arbeitszeitreduzierung auf 30 Wochenstunden ist von einem Fachkräftemangel auszugehen.

Die großen Stärken der deutschen Wirtschaft – hervorragend ausgebildete Arbeitskräfte, technisierte, flexible Fertigungslinien – ermöglichen einen scharfen Kursschwenk, der nicht nur die Bevölkerung, sondern auch die Unternehmen selbst überrascht. Erst leise, hinter vorgehaltener Hand, dann laut und offen tönt es von überall: »Ich habe es nicht geglaubt, aber es war dringend nötig – warum haben wir so lange damit gewartet?«

## Phase 3: »Wir absolvieren den Testlauf«

In Phase 3 erfolgt die Gewöhnung. Die vorangegangene technische und gesellschaftliche Umstellung ist seit Langem verstanden, gründlich geplant und vorbereitet – sodass auch scheinbar festgefahrene GOG-Routinen erfolgreich durch GOE-Gewohnheiten ersetzt werden. Phase 3 spielt die entscheidende Rolle: Ihre Herausforderungen haben den Einsatz der Notstandsgesetze erforderlich gemacht. Die über Jahrzehnte erlernten und systematisch begünstigten Handlungsmuster müssen ausgetauscht werden.

Die Menschen begreifen, dass die Veränderungen in wenigen Fällen kurzfristig nachteilig sind – wenn zum Beispiel eine Umschulung nötig ist; die neuen GOE-Maßnahmen wirken sich langfristig positiv auf alle aus. Es geht also um das richtige »Framing«: Mehr Zeit für sich zu haben, länger, gesünder leben zu können; der Gewinn an Lebensqualität für jeden einzelnen Menschen führt zu einer gesteigerten nationalen Zufriedenheit.

## Das Leben nach dem Notstand

1. März 2026. Genau ein Jahr, nachdem die Sirenen den Menschen bundesweit einen Schrecken durch die Knochen jagten, hebt die Regierung den Notstand auf. Die strengen Uniformen verschwinden aus dem öffentlichen Raum.

Das Marix-Programm ist weitestgehend umgesetzt. Die CO2- und Schadstoffemissionen sind auf 10 Prozent des Vorjahresniveaus gesunken. Der Biodiversitäts- und Bodenverlust hat rapide abgenommen. Die Grundordnung ist nicht mehr bedroht.

Kritische Stimmen gibt es nach wie vor – und das nicht zu knapp. Sie bezweifeln die Rechtmäßigkeit der Maßnahmen, sie sind unzufrieden, protestieren lauthals und verteufeln die Verantwortlichen. Und das teilweise zu Recht …

Denn natürlich gibt es noch immer Probleme: ungleiche Bildungschancen, Korruption, Fremdenhass. Die Menschheit hat sich nicht von heute auf morgen in eine friedvolle Herde verwandelt. Nur: Wir haben jetzt wieder Zeit und Kraft, uns diesen Herausforderungen zu widmen. Die Möglichkeit, sie zu lösen. Denn wir haben gezeigt, dass wir als Gesellschaft eine Zukunft haben wollen.

Der Notstand bedeutete nicht, die Freiheit zu beschränken, sondern sie zu sichern. Das Ende der 3 Phasen führt uns zurück in die Freiheit. Innerhalb von Regeln. Regeln, die wir abgesteckt haben, um unser Zusammenleben zu organisieren und ein gutes Leben zu gewährleisten. Regeln, die wir dringend auf den neuesten Stand bringen mussten.

### Die Idee hinter dem Marix-Programm

*Zu diesem Gedankenexperiment hat uns ein Beitrag des amerikanischen Klimaaktivisten Bill McKibben inspiriert. Er vergleicht das Ausmaß der Bedrohung durch die globale Erwärmung und das Überschreiten der planetaren Grenzen mit dem Faschismus und Adolf Hitler während der NS-Zeit und kommt zu dem Schluss: Die aktuelle Bedrohung ist größer.*

*Seine These: Wir müssen sofort einen Dritten Weltkrieg gegen diese Bedrohung starten. Denn nur, wenn wir diesem Kampf alles andere unterordnen, können wir die schlimmsten Folgen verhindern. Genauso, wie es die Vereinigten Staaten von Amerika im Zweiten Weltkrieg getan haben. Das ganze Land wurde zusammengetrommelt und stand für ein klares Ziel: den Faschismus abwehren. Millionen Amerikaner sahen die Abwehr der Nazis als Sinn und Zweck ihres Handelns. Fabriken wurden umfunktioniert, um Kriegsmaschinerie zu fer-*

*tigen: Statt Kühlschränken und Pick-up-Trucks liefen Panzer, Kugeln und Kampfjets von den Bändern. So müssen wir es jetzt auch machen: Solaranlagen statt Dieselmotoren, Fahrradwege statt Autobahnen.*

*Natürlich bleiben bei unserer Notstandsidee viele Fragen offen – das hat bereits die interne Diskussion in unserer Redaktion gezeigt (nachdem wir diesen Artikel ganz undemokratisch eigenmächtig auf den Redaktionsplan gesetzt haben). Wir sind aber davon überzeugt, dass es wichtig ist, diese Fragen zu stellen. Wir wollen zeigen, dass schnelle Änderungen möglich sind, weil wir die notwendige Technik und das Wissen haben. Gesellschaften haben oft radikale Richtungswechsel eingelegt – dieses Mal wäre es besonders wichtig. Denn die Folgen unserer Untätigkeit sind viel gefährlicher, als es die Folgen eines Notstands sein können.*

# Wie weit würdest du gehen, um dich zu retten?

## … wenn du zwischen Demokratie und Leben wählen musst.

von Maren Urner und Felix Austen

---

Als ich am Morgen des 25. Oktober 2021 aus unruhigen Träumen erwache, halte ich mein Handy fest umklammert. Nervös schaue ich auf den Ladekreis auf dem Display, bis die Ergebnisse der Neuwahl endlich erscheinen. Es ist tatsächlich passiert. Mit einer absoluten Mehrheit von 52,3 Prozent haben wir den Mann zum neuen Bundeskanzler gewählt, den vor wenigen Monaten noch niemand auf der Rechnung hatte.

Ich reibe mir die Augen und drehe mich zur Seite, um die Fernbedienung erreichen zu können. Egal auf welchem Programm – überall hallen mir die klaren Worte des »Schützers« entgegen. Gepaart mit seiner eindringlichen Rhetorik hat er binnen weniger Monate eine schlagkräftige Bewegung aus dem Boden gestampft.

*»Unsere Bewegung, unsere Welt, unser Schützer!«*

Seit Wochen marschieren seine Anhänger durch die Straßen, rufen in einer euphorisch-aggressiv aufgeheizten Stimmung den Leitspruch: »Unsere Bewegung, unsere Welt, unser Schützer!« Lehrerinnen, Kassierer, Studierende, Handwerker, Professoren, Linke und Rechte: vereint durch Wut, Frust und das Gefühl, endlich Gehör zu finden.

Ihre Wut gilt den Ausbeutern, Egoisten und Eliten, die sich auf Kosten aller ins schier Endlose bereichern, die ihre und die Welt ihrer Kinder zerstören. Sie sind frustriert, dass jede Bemühung, daran etwas zu ändern, zwischen endlosen EU-Verhandlungen, Agrar-Lobby-Anhörungen und Kompromissen mit der Finanz- und Automobilwirtschaft zerrieben wird.

All jenen, die sich skeptisch über den Schützer äußern, schlägt Wut entgegen. Wer etwas Kritisches in sozialen Medien postet, fängt sich Hunderte Hasskommentare ein. Auch in der Öffentlichkeit wird gebrüllt, vereinzelt kommt es sogar zu Gewalt.

Zu all dem hat der Schützer nicht aufgerufen – er verurteilt es aber auch nicht. Was er will, lese und höre ich seit Wochen auf allen Kanälen. Alle schreiben nur noch über ihn, alle Nachrichtensendungen drehen sich um seinen Aufstieg und seine Botschaft.

Am Tag seines Triumphs wiederholt er es vor den Augen der Nation und der Welt:

*»Sicherheit! Gemeinschaft!*
*Und Schutz vor der Zerstörung unserer Welt,*
*unserer Heimat!«*
*Der Schützer*

Auch wenn ich das große Ganze noch nicht durchdringen kann, ist klar: Ab heute gelten neue Regeln.

## Ein scharfes Feindbild

Der Schützer hat seinen Anhängern schnell klargemacht, wer schuld an ihrer Misere ist. »Die Reichen, die da oben, die ein Leben in Saus und Braus führen, als gäbe es keine Probleme auf der Welt. Die ihre Entscheidungsmacht fortwährend ausnutzen, um sich zusätzliche Vorteile zu verschaffen. Die ihre glamourösen Partys auf Kosten aller anderen feiern. Die rücksichtslos zerstören, was allen gehört.«

Konkret bedeutet das: Alle, die das anders sehen und dem Schützer gegenüber skeptisch sind, gehören diesem Gegner an – sind Feinde der Bewegung. Wer sonst sollte sich einem Mann entgegenstellen, der das Wohl aller im Sinn hat? Du bist für den Schützer – und wenn du es nicht bist, bist du gegen ihn. Die Welt ist einfacher geworden.

*»Wer unsere Welt nicht schützen will, will sie zerstören!*
*Wer nicht Teil unserer Bewegung sein will,*
*verfolgt nicht das Wohl aller, sondern nur sein eigenes!«*
*Der Schützer*

## Eine neue Leitkultur

Natürlich dient der Schützer nicht sich selbst, sondern einem höheren Zweck: der Natur. Die Wahrung und Wiederherstellung der Natur ist der Kern der neuen Leitkultur. Dieses Ideal wird überall propagiert: Bücher, Filme und Musik, Kunst und Kultur werden nach den Werten sortiert, die sie übertragen. Achtsamkeit und solidarisches Miteinander werden bis ins Komische gepredigt. Aber niemand weiß, ob er darüber lachen sollte.

Für den öffentlichen Rundfunk, Printmedien und Fernsehen gelten nun strenge Gesetze, die sicherstellen, dass Protagonisten keinen unachtsamen Umgang mit der Welt vorleben, sondern sich vorbildlich verhalten.

Wer die Welt schützt, indem er den Schützer unterstützt, macht es richtig. Alle anderen machen es falsch.

Die Museen zeigen Ausstellungen zum Naturalismus, der die natürliche Vollkommenheit als ästhetische Grundlage nutzt. Jede Werbung ist staatlich reguliert und muss einen strengen Autorisierungsprozess durchlaufen. Nur wenn sichergestellt ist, dass die Werte der Bewegung nicht infrage gestellt oder gar verletzt werden, wird sie genehmigt.

Am leichtesten lässt sich die Weltsicht den Jüngeren vermitteln: In den Lehrplänen dreht sich alles um den Schutz der natürlichen Welt und nachhaltiges Wirtschaften. Fächer, die zunächst kompliziert und anstrengend für Kinder klingen, sind auf einfache Formeln reduziert.

Es ist ja auch ganz einfach: Wer die Welt schützt, indem er den Schützer unterstützt, macht es richtig. Alle anderen machen es falsch.

## Eine klare Ordnung

Was seinen Anhängern das Funkeln in die Augen treibt, sind nicht nur die klaren Worte des Schützers, sondern auch seine klare Linie: Den Bürokratieabbau, den Regierung nach Regierung gefordert hat, ohne zu liefern, erledigt er mit einem Federstrich:

- Alle Posten im Haushalt des Sozialministeriums werden gestrichen und durch ein »Bedingungsloses Grundeinkommen« ersetzt.

- Der größte Teil des komplexen Steuergesetzes kommt in den Schredder. Unter 25.000 Euro Jahreseinkommen fallen keine Steuern an, wer über 150.000 Euro im Jahr verdient, gibt jeden weiteren Euro ab.

- Komplizierte Preis- und Finanzierungsmodelle im öffentlichen Nah- und Fernverkehr haben ausgedient. Der Staat finanziert einen freien, kostenlosen Zugang.

- Das Durcheinander bei der Mehrwertsteuer wird beseitigt – indem sie vollständig abgeschafft wird. Viele Lebensmittel und Konsumgüter werden schlagartig günstiger.

- Auch das Privileg, mit einer privaten Krankenversicherung eine bessere Gesundheitsversorgung erhalten zu können, streicht der Schützer. Alle werden staatlich versichert.

Noch befreiender als die Ordnung im Staat ist die neue Ordnung in den Herzen: Die Anhänger stehen auf der richtigen Seite der Geschichte und wissen genau, was sie zu tun haben. Die einzige Regel, die wirklich zählt: »Folge dem Schützer!«

Die Anhänger seiner Bewegung feiern die »Geschenke« des Schützers. Er hält seine Versprechen, nimmt es denen da oben und gibt es zurück. Jeder kann mitmachen:

*»Jeder kann aufwachen und an unserer,*
*der richtigen Seite stehen.*
*Auf welcher Seite steht ihr?«*
*Der Schützer*

## Strenge Kontrolle

Die neue Ordnung macht aus vielen Gewinner, die sich zuvor als Verlierer fühlten. Sie dürfen sich nun all jenen überlegen fühlen und die Marschroute erklären, die zuvor im SUV vorbeirauschten und ihnen, den in der Kälte an der Bushaltestelle Wartenden, die Abgase ins Gesicht bliesen. Wer jetzt auch nur einen Zigarettenstummel auf den Bordstein wirft, kann »nach Ermessen« gemaßregelt werden.

So überrascht es nur wenige, als der Schützer bekannt gibt, was viele vermutet haben. Das Bekenntnis zu ihm und seiner Bewegung soll nicht verborgen bleiben. Jeder soll sich in einem formellen Bekenntnisschwur unter Zeugen zur Gefolgschaft bekennen dürfen. Es herrscht kein Zwang. Doch wer den Schwur verneint oder fernbleibt, hat mit unklaren, aber sicher schwerwiegenden Konsequenzen zu rechnen.

Vom Kleingedruckten der neuen Regeln, das weniger laut gefeiert wurde, sind viele der Anhänger überrascht:

- Der private Kauf und Verkauf von Pkw sind verboten.
- Der Konsum von Fleisch und Wurstwaren ist verboten.
- CO2 wird mit 50 Euro pro Tonne bepreist. So werden die fehlenden Einkünfte aus der abgeschafften Mehrwertsteuer kompensiert.

Ablehnung oder Verwunderung darüber wagt allerdings kaum jemand offen zuzugeben; zu groß sind die Furcht und Ungewissheit vor den Folgen, den Schützer offen zu kritisieren.

Immer wieder kursieren Geschichten von Menschen, die die strengen Regeln und Verhaltenscodes missachtet haben und daraufhin verschwanden. Einige tauchen verwirrt und verlottert wieder auf, ohne zu wissen, was ihnen eigentlich widerfahren ist. Es sind Geschichten, die für viele ausreichen, um sich in der neuen Ordnung einzurichten, wenn auch mit ein wenig Bauchschmerzen.

## Was ist passiert?

All das kann ich am Morgen nach der Wahl nicht vorhersehen. Das Gefühl, dass gerade etwas passiert ist, das unser aller Leben verändert, sitzt aber tief.

Als jemand, der sich schon lange eine konsequentere Zukunftspolitik wünscht, halte ich einige Vorschläge des Schützers für notwendig und richtig. Gleichzeitig wird mir flau, wenn ich in die irren Augen einiger Anhänger sehe, die ihm blind folgen.

Führt der einzige Weg zur Vernunft wirklich über diesen Wahnsinn? Ist die Chance, freiwillig umzusteuern, tatsächlich verstrichen?

**Was wir uns dabei gedacht haben?**

*Normalerweise lassen wir unsere Texte für sich selbst sprechen. In seltenen Fällen wie diesem möchten wir ein paar erklären-*

*de Worte zur Idee und Motivation nachreichen: Wir beschäftigen uns sehr viel mit dem Klimawandel und sind überzeugt, dass der Großteil der Menschen sich nicht über das Ausmaß der Herausforderung im Klaren ist. Nicht darüber, wie verheerend die Auswirkungen sein werden, nicht darüber, dass sie schon da sind und wie schnell sie noch kommen werden, nicht darüber, wie umfassend wir jetzt sehr schnell Alltägliches verändern müssen – aber auch nicht darüber, wie viele gute Lösungen genau dafür bereits auf dem Tisch liegen, die wir aus Gewohnheit und Bequemlichkeit dort liegen lassen.*

*Deshalb haben wir damals den Notstandsparagrafen bemüht und ein erstes Gedankenexperiment aufgeschrieben, das vorbei an den langsamen Mühlen der Demokratie radikale Änderungen ermöglicht. Im vergangenen Jahr kam in Gesprächen immer wieder der Gedanke eines »Grünen Führers« auf, inklusive Vergleichen zur Klimapolitik in China und anderen absoluteren Regimes. Im Vorfeld für diesen Artikel haben wir ein langes Gespräch mit Timur Vermes geführt, dem Autor von »Er ist wieder da«. Er hält die Führer-Idee für prinzipiell unvereinbar mit der der Nachhaltigkeit. Dies hat uns den letzten Anstoß gegeben.*

## Teil 4

# NOTSTAND UND FORDERUNGEN AN DIE POLITIK

## Es muss mehr Verbote geben

Im Großteil der Welt sind die Menschen heute freier als je zuvor, auch wenn Google und Facebook ihr Tun und Treiben wachsam beobachten. Mit Sicherheit sind sie freier von Verantwortung. Viele Menschen fühlen sich der Gesellschaft oder auch ihren Familien und Freunden gegenüber sehr wenig verpflichtet. Sie teilen anonym Beleidigungen in Online-Foren aus, wenn ihnen etwas nicht passt, und konsumieren ohne jegliche Gewissensbisse. Ein Beispiel für diesen Trend – sollte ein Beweis überhaupt nötig sein – sind die Wanderer, die sich durch die Schweizer Alpen begaben, in der Absicht, eine der hoch gelegenen Berghütten bei

Einfall der Dämmerung zu erreichen, ohne für ein Bett zu zahlen, da sie wussten, dass die Betreiber sie nicht wegschicken können.

Das ist nicht die Freiheit, wie sie ursprünglich gemeint war.

Laut Cambridge Dictionary wird »Freiheit« heutzutage definiert als »der Zustand oder das Recht, das tun, sagen, denken etc. zu dürfen, was man möchte, ohne kontrolliert oder eingeschränkt zu werden«. Der Duden sieht es ähnlich, nämlich als »Zustand, in dem jemand von bestimmten persönlichen oder gesellschaftlichen, als Zwang oder Last empfundenen Bindungen oder Verpflichtungen frei ist und sich in seinen Entscheidungen o. Ä. nicht eingeschränkt fühlt«. In dieser modernen Definition fehlt ein Zusatz, der früher noch galt: »solange andere dadurch nicht zu Schaden kommen«.

Die moderne Definition klingt fast so, als sei sie von einem neoliberalen Ökonomen verfasst worden.

Dieser Glaube, dass Menschen ohne Einschränkungen tun und lassen dürfen, was ihnen beliebt, hat viele Schwierigkeiten verursacht. Er hat es Menschen erlaubt, Regenwälder niederzubrennen und das verbrannte Land einzukassieren. Andere haben darin die Erlaubnis gesehen, Tiere mit großer Grausamkeit behandeln zu dürfen, während Unternehmen Freiheit so verstehen, dass sie unbekümmert giftige Chemikalien in Gewässer und Böden entsorgen dürfen. Der uneingeschränkte Freiheitsglaube hat es multinationalen Konzernen erlaubt, gefährliche Gase in die Atmosphäre auszustoßen, krank machende Produkte zu verkaufen und Lobbyisten dafür zu bezahlen, dass sie Politiker zur Änderung von Gesetzen in ihrem Sinne bewegen.

Der modernen Auffassung von Freiheit fehlt der ursprüngliche philosophische Grundgedanke. Freiheit ist kein Grundprinzip mehr, kein Menschenrecht, für das frühere Generationen gekämpft haben. Freiheit ist heutzutage schlicht das Fehlen jeglicher

Regulierung. Genau diese Denkart ermöglicht der kleinen Minderheit, die für die Umweltkrise ursächlich verantwortlich ist, all die Plünderungen, die sich auf uns alle auswirken. Dank neoliberaler Ökonomen, mit großzügiger Finanzierung durch jene, die von den Raubzügen profitieren, sind Politiker davon überzeugt worden, dass mangelnde Regulierung der Menschheit einen rascheren und gesünderen Fortschritt eröffne. Man hat ihnen erklärt, dass Wirtschaftswachstum durch minimale Aufsicht erleichtert werde. Eigentlich irre, wenn man darüber nachdenkt. Die Umweltprobleme der Welt wurden von politischen Systemen verursacht, die von der Vorstellung überzeugt sind, dass jene, die ausschließlich auf die Maximierung kurzfristiger Profite setzen, die Freiheit haben sollten, ungehindert das zu tun, was sie möchten. Dass umfassende Umweltzerstörung und zunehmende Ungleichheit das Ergebnis sind, hätte von Anfang an klar sein müssen.

Die Aufhebung jeglicher Einschränkung ist logischerweise eine Möglichkeit, diese Form der Freiheit zu bieten. Das ist das, was einige wohlhabende Befürworter des Neoliberalismus in den USA (und teilweise auch in Deutschland) derzeit fordern. Sie treten für die Beseitigung jeglicher Form von staatlicher Lenkung ein. Stattdessen soll die menschliche Gesellschaft von den ihrer Ansicht nach effizienteren, marktorientierten Unternehmen gemanagt werden. Sie scheinen wirklich zu glauben, dass das Streben nach kurzfristiger Gewinnmaximierung die bessere Form der Lenkung einer Gesellschaft darstellt. Das Fehlen einer Regierung würde natürlich chaotische Zustände auslösen, mit noch größeren sozialen Spaltungen und noch mehr Umweltzerstörung als derzeit. Nur die Superreichen würden profitieren. Das mag natürlich der wahre Beweggrund für diese Denkweise sein.

Um den Klimawandel zu bremsen, muss jedoch das genaue Gegenteil getan werden. Es bedarf gründlicher Regulierungen, und es muss sichergestellt werden, dass für alle dieselben Bedingungen gelten. Wenn jeder dieselben Regeln einzuhalten hat und ausnahmslos alle umweltschädlichen Aktivitäten verboten werden, wäre jeder gleichermaßen frei. Freiheit sollte nicht als Fehlen von Regeln definiert werden, sondern dass man jene zügelt, die unverantwortlich handeln, und dann jeden gleich behandelt.

## Das durchdenken, was noch nie durchdacht worden ist

Doch welche Art von Regelungen ist erforderlich? Was muss verboten werden, um den fortschreitenden Klimawandel aufzuhalten?

Die nötigen Vorschriften dazu entfallen auf zwei Kategorien:

- Vorschriften, die den Klimawandel so rasch wie möglich bremsen
- Vorschriften, die das soziale Denken und das menschliche Verhalten besser mit der Natur in Einklang bringen

Da nur sehr wenig Zeit bleibt, sind die Regelungen, die benötigt werden, um die Erderwärmung zu bremsen, radikal. Sogar die führenden Klimawissenschaftler weltweit und das IPCC haben die Folgen dessen, was sie vorschlagen, nicht gründlich genug durchdacht.

Um den Anstieg der globalen Durchschnittstemperatur auf unter 1,5 °C zu begrenzen (was ohnehin nicht mehr möglich ist) oder auch nur auf unter 2 °C, muss das Wirtschaftssystem weltweit rasch demontiert werden. Millionen von Arbeitsplätzen werden dabei verloren gehen und viele Industrien werden stillgelegt. Ein derartiger Einschnitt mag für die meisten Menschen undenkbar erscheinen und als unvereinbar mit dem selbstmörderischen Kurs, den uns das neoliberale Wirtschaftsdogma der Welt eingebrockt hat, mit seiner Forderung nach endlosem Wachstum und marktorientierten Lösungen für alle Probleme. Aber er ist unumgänglich.

## 1. Politische Maßnahmen zur Verlangsamung des Klimawandels

Das Leitprinzip für Notstandsgesetze muss sein, dass sie den fortschreitenden Klimawandel so rasch wie möglich bremsen. Wirtschaftliche und gesellschaftliche Umbrüche sollten natürlich so gering wie möglich gehalten werden, können jedoch erst an zweiter Stelle berücksichtigt werden. Das vorrangige Ziel ist die Reduzierung der Konzentration von Treibhausgasen in der Atmosphäre. Das heißt, die Emissionen müssen so rasch wie möglich auf null sinken, und die Staaten müssen kräftig in die Abscheidung von Kohlendioxid und Methan investieren.

Und hier betone ich nochmals: Reduzierung der Emissionen auf null bedeutet nicht, sie *netto* auf null zu reduzieren, wie so viele Staaten und Unternehmen es derzeit vorschlagen. Viele scheinen zu glauben, sie könnten weiterhin die Atmosphäre verschmutzen, solange ihre Aktivitäten in irgendeiner Form kompensiert werden – durch den Kauf von CO2-Zertifikaten etwa oder durch das Pflanzen von Bäumen. Das funktioniert jedoch nicht, da CO2-Zertifikate für die chemische Zusammensetzung der Atmosphäre nicht den geringsten Unterschied machen und neu angepflanzte Bäume zu lange brauchen, um einen sinnvollen Beitrag zu leisten.

Die Menschheit muss also …

- den Ausstoß aller Treibhausgase so rasch wie möglich auf nahezu null reduzieren. Dazu müssen die Regierungen nicht nur die Fossilindustrie, die Zementindustrie und den Landwirtschaftssektor regulieren, sondern auch alle anderen Quellen dieser Gase – Unternehmen, Mülldeponien, Gebäude und Bergbauanlagen sowie Autos, Züge, Flugzeuge und Schiffe.

- die Konzentration der Treibhausgase in der Atmosphäre reduzieren. Die Regierungen müssen auch kräftig in die Abscheidung von Kohlendioxid und Methan investieren und eine Möglichkeit finden, die Gase so zu speichern, dass sie nie wieder austreten können.

Im Folgenden liste ich die Maßnahmen auf, die dazu erforderlich sind. Die Liste ist nicht erschöpfend, und die Maßnahmen sind nicht für jedes Land gleichermaßen ideal. Sie sind für die reiche Welt geeigneter als für die arme Welt, die eine leicht geänderte Herangehensweise benötigt. Die gesetzten Ziele sind bewusst ehrgeizig gehalten, denn je rascher die Menschheit mit dem Ausstoß von Treibhausgasen aufhört, desto höher ist die Chance, dass der weltweite Temperaturanstieg unter Kontrolle gebracht werden kann.

**Transport und Verkehr**

- Den öffentlichen Verkehr auf lokaler und regionaler Ebene für alle kostenlos machen. Gehen und Radfahren fördern. Die Kosten von Langstreckenfahrten mit der Bahn subventionieren.

- Investitionen in elektrifizierte Busse, Lieferfahrzeuge und Fährschiffe subventionieren. Den Einsatz von Dieselbussen und Diesellokomotiven innerhalb von fünf Jahren verbieten.

- Investitionen in kleine Elektroautos sowie kleine Elektrofahrräder und Elektroscooter mit Wechselakkus subventionieren. Pkw-, Fahrrad- und E-Bike-Sharing fördern. Privaten Pkw-Besitz zunehmend verbieten.

- Alle Fahrzeuge mit einem CO2-Ausstoß über 120g/km[1] mit sofortiger Wirkung verbieten. (Diese Endnote enthält einen Link zu einer Liste mit betroffenen Fahrzeugen. Die Publikation ist zwar auf Französisch, die Liste der Fahrzeuge ist aber dennoch leicht durchsuchbar.) Innerhalb von drei Jahren alle Fahrzeuge mit Emissionen über 100 g/km verbieten. Innerhalb von fünf Jahren den Schwellenwert für Benzinfahrzeuge auf 90 g/km senken und alle Dieselfahrzeuge verbieten.

- Nutzfahrzeuge mit CO2-Emissionen über 200 g/km verbieten. Schwellenwert binnen fünf Jahren auf 100 g/km und binnen zehn Jahren auf null reduzieren.

- Alle Online-Käufe mit einer 25-Prozent-Steuer belegen,[2] um die Menge an Kleinlieferungen zu reduzieren und lokalen Konsum zu stimulieren, und für kleine Pakete die Nutzung zentralisierter Abholstationen vorschreiben.

- Den privaten Benzin- und Dieselverbrauch auf 500 Liter pro Person und Jahr begrenzen, und zwar nicht übertragbar. Die jährliche Begrenzung bei Benzin um 50 Liter pro Jahr und bei Diesel um 100 Liter pro Jahr reduzieren (sodass Diesel innerhalb von fünf Jahren für den Privatgebrauch effektiv verboten ist). Separate jährliche Kraftstoffbegrenzungen für Unternehmen, die Landwirtschaft und den Staat vorschreiben, mit dem Ziel, die Fahrzeugemissionen innerhalb von zehn Jahren auf null zu reduzieren.

- Vorschriften zur Reduzierung der Frachtschifffahrt und des Straßengüterfernverkehrs um jährlich 20 Prozent – damit Reduzierung um über 90 Prozent gegenüber dem jetzigen Stand innerhalb von einem Jahrzehnt.

- Kreuzfahrtschiffe verbieten.

- Alle Flüge unter 1.000 Kilometer und über 3.000 Kilometer verbieten. Jedem Bürger das Recht auf einen Hin- und Rückflug pro Jahr gewähren. Dieses Recht in fünf Jahren auf einen Flug alle drei Jahre reduzieren. Das Recht darf nicht übertragbar sein.

- Alle Niedrigpreis-Fluglinien verbieten.

- Den Verkauf aller Business- und First-Class-Flugtickets verbieten, teilweise mit dem Ziel, konventionelle Fluggesellschaften weniger profitabel zu machen. Die Schließung der meisten Flughäfen und null Flugzeugemissionen innerhalb von zehn Jahren anstreben.

- Forschungen in alternative Formen des Fliegens subventionieren.

- Ein Aufsichtsorgan zur Überwachung und Steuerung der Schließung der konventionellen Automobilindustrie sowie des konventionellen Flugsektors einrichten.

**Gebäude und Stromerzeugung**

- Für die Beheizung von Gebäuden eine gesetzliche Höchsttemperatur von 20 °C vorschreiben. Für die Kühlung eine gesetzliche Mindesttemperatur von nicht unter 26 °C vorschreiben. Finanzielle Unterstützung für Isolierungsmaßnahmen an Privathäusern und Geschäftsgebäuden gewähren.

- Hohe Investitionen in erneuerbare Energien tätigen. Technologien zugunsten erneuerbarer Energien sollten aufgrund ihrer langfristigen Umweltauswirkungen bevorzugt werden, nicht mit Blick auf die Kosten der durch sie erzeugten Energie. (Heutige erneuerbare Energiequellen erfordern große Mengen an nicht erneuerbaren Rohstoffen, und manche, zum Beispiel Holzpellets, stoßen viel CO2 aus.)

- Statt den Preis für Energie anzuheben, was vor allem die Armen am härtesten trifft, sind verpflichtende Emissionssenkungen und Energierationierungen unter staatlicher Aufsicht einzuführen. Alle Organisationen, Firmen, Haushalte und Gebäude, die Treibhausgase erzeugen, sind gesetzlich dazu zu verpflichten, ihre Emissionen jährlich um 12 Prozent zu reduzieren (das heißt, um über 30 Prozent innerhalb von drei Jahren und über 70 Prozent binnen zehn Jahren). Alle Treibhausgasemissionen müssen bis 2035 auf null gesunken sein. Manche davon können abgeschieden und gespeichert werden, solange dies ohne Gefahr für zukünftige Generationen erfolgen kann.

- Alle Subventionen der Fossilindustrie abschaffen. Ein Aufsichtsorgan einrichten, das die Schließung des Sektors überwacht, wobei die Kohle- und Holzpelletsindustrie zuerst zu schließen ist.

**Handel und Industrie**

- Den Einsatz fluorierter Gase verbieten.

- Die Zementindustrie gesetzlich dazu verpflichten, die Produktion um jährlich 25 Prozent zu senken.

- Alle Einwegprodukte verbieten, inklusive Becher, Flaschen, Essensbehälter, Supermarktverpackungen und Plastikfolien sowie alle sonstigen Verpackungen, die nicht gefährdungsfrei entsorgt werden können.

- Für alle anderen Verpackungen vorschreiben, dass sie gesammelt über den Handel an die Quelle zurückgehen. Jegliche Verpackung, die nicht wiederverwendet oder gefahrlos entsorgt werden kann, innerhalb von drei Jahren verbieten.

- Die Verwendung von Palmöl und sonstigen durch Entwaldung erzielten Produkten verbieten.

- Den Herstellern komplexer Güter wie beispielsweise Autos, Elektrogeräte und Handys vorschreiben, dass sie diese an deren Produktlebensende zerlegen und alle Rohstoffe zur Wiederverwendung entnehmen, unabhängig von den damit verbundenen Kosten.

- Alle nicht essenziellen energieverbrauchenden Maschinen und Anlagen verbieten, darunter Fahrstühle, Rolltreppen, Gabelstapler, Brotschneidemaschinen, elektrische Türen, Leuchtreklameschilder, Wasserspender etc., außer wenn der von ihnen verwendete Strom aus erneuerbaren Quellen kommt.

- Alle elektronischen Werbedisplays an Straßen verbieten und den Geschäften untersagen, ihre Schaufenster über Nacht zu beleuchten.

- Eine unabhängige Behörde zur Regulierung des Produktdesigns einrichten, sodass innerhalb von zehn Jahren sowohl in der Fertigung als auch beim Endverbraucher nichts mehr im Müll landet, mit ehrgeizigen Zwischenzielen. Alle Produkte sind auf Maximierung ihrer Lebensdauer hin zu entwickeln. Nach und nach den Verkauf und die Verwendung komplexer Produkte verbieten, unter anderem von Kraftfahrzeugen, Schiffen, Maschinenparks, regenerativen Stromerzeugungsanlagen, Mobiltelefonen und sonstigen elektronischen Gütern, wenn diese nicht repariert, umgebaut und wiederverwertet werden können.

- Durch entsprechende Vorschriften sicherstellen, dass Produkte tatsächlich recycelt werden und nicht nur recycelbar sind.

- Mülldeponien und Müllexporte verbieten.

**Landwirtschaft und Lebensmittel**

- Den Landwirtschaftssektor und die Fischereiwirtschaft gesetzlich dazu verpflichten, die Treibhausgasemissionen in den nächsten zehn Jahren um 12 Prozent jährlich zu reduzieren (Senkung um 70 Prozent gegenüber dem jetzigen Niveau innerhalb von einem Jahrzehnt) und bis 2035 auf null zu reduzieren.

- Zum Schutz von Wildfischbeständen die Fangquoten einschließlich Beifang und Rückwurf senken und den Einsatz umweltschädigender Fischereimethoden verbieten.

- In der Landwirtschaft den Einsatz von umweltschädlichen Düngemitteln und Pestiziden verbieten.

- Die Einfuhr von Lebensmitteln mit einem großen CO2-Fußabdruck verbieten, Produktion und Verkauf von lokalen Lebensmitteln priorisieren und Viehzucht sowie Aquakulturen radikal reduzieren.

- Eine Aufsichtsbehörde zur Regulierung von Lebensmittelpreisen und Überwachung der gesundheitlichen Auswirkungen dieser Veränderungen einrichten.

**Sonstige Maßnahmen**

- Das Militär- und Verteidigungsbudget im größtmöglichen Umfang in Klimaaktivitäten und CCS-Entwicklung[3] umleiten.

- In das Anpflanzen von Bäumen, die Regenerierung von Böden und andere natürliche CO2-Speicher investieren, auch wenn dies nur einen sehr kleinen Beitrag zur Reduzierung des Kohlendioxids in der Atmosphäre leistet.

- Entwaldung verbieten sowie jegliche Aktivität, die vegetativen oder sonstigen organischen Zerfall verursacht, dessen Gase nicht abgeschieden werden können (einschließlich Verbrennung von Feldfrüchten, Lagerfeuer, Grillfeuer und Verbrennen von Gartenabfällen).

- In die Abscheidung von Methan aus fossiler Brennstoffproduktion, der Viehzucht, dem Bergbau und von Mülldeponien investieren.

- Emissionshandel, CO2-Bepreisung und jede Form von Emissionskompensationsgeschäfte verbieten, da diese Mechanismen weitere Emissionen zulassen.

- Privates Eigentum an Wasser, Land und anderen natürlichen Ressourcen, einschließlich Holz, verbieten. Die Verwendung dieser Ressourcen regulieren.

- Ein Grundeinkommen für alle einführen sowie Vermögens- und Erbschaftssteuern, um die finanziellen Belastungen infolge der Veränderungen besser zu verteilen.

- Zur Deckung der Kosten für diese Veränderungen sind Strafsteuern für die Fossilenergieindustrie, Zementhersteller, Entwaldungsfirmen, Automobilhersteller, Chemieunternehmen, Düngemittelhersteller, Fluggesellschaften, Metallhersteller etc. vorzuschreiben, ebenso wie für all jene im Finanzsektor, die als Aktionäre in den letzten 40 Jahren von deren Geschäftstätigkeiten profitiert haben.

- Eine Kommunikationsorganisation einrichten, die dafür sorgt, dass die Menschen fundiert über die Veränderungen und die Notwendigkeit radikaler Maßnahmen informiert sind. Lokale Niederlassungen einrichten, in denen die Bürger Feedback und Vorschläge einbringen können.

Dieser letzte Vorschlag wird natürlich nur einen sehr kleinen Teil der Kosten für die einschneidenden Veränderungen decken. Wie soll die Menschheit also den Rest finanzieren? Die Antwort: auf jede erdenkliche Art, unabhängig von den wirtschaftlichen Konsequenzen. Nötigenfalls Geld drucken, Preise gesetzlich festlegen oder Güter rationieren. Die Senkung der Emissionen ist das existenzielle Ziel.

Die enorme Herausforderung, die mit einer solchen radikalen Umstellung einhergeht, erkennt man vielleicht am besten an dem Vorschlag, Gebäudeemissionen um jährlich 12 Prozent zu reduzieren. Auf Gebäude entfällt ein beträchtlicher Anteil an globalen Treibhausgasemissionen (zwischen 12 und 40 Prozent, je nachdem, wie sie gemessen werden),[4] generell aufgrund ihrer Beheizung mit Öl, Gas und Holz.

Will man diese Emissionen senken, reicht es nicht aus, die Gebäude einfach besser zu dämmen, Solarpanele zu installieren, effizientere Boiler einzubauen und dreifach verglaste Fenster einzusetzen. Das Hauptproblem sind auch nicht die Kosten. Das größte Hindernis ist die Zeit, die vergeht, bis die Veränderungen vollends bewerkstelligt sind. Um die Gebäudeemissionen noch vor 2030 um 70 Prozent zu reduzieren, müssen jede Woche Zigtausende

Gebäude umgebaut werden, unter Einsatz von Hunderttausenden von Ingenieuren, Installateuren und Bauarbeitern.

Die Senkung der Gebäudeemissionen ist ebenso sehr eine Frage der Logistik wie der gesetzlichen Vorschriften und der Kostendeckung. Wenn die Gebäude nicht rasch genug umgebaut werden können, besteht der einzige Weg zur Senkung der Emissionen darin, die Nutzung von fossiler Energie direkt beim Verbraucher einzuschränken.

## 2. Politisch herbeigeführtes Umdenken

Wenn diese Vorschläge umgesetzt werden würden, hätte die Menschheit gute Chancen, den Anstieg der Durchschnittstemperatur um die kritischen 2 °C zu verhindern. Die Maßnahmen wären jedoch auch einschneidend, da die Lebensstandards – zumindest so, wie sie nach heutigen Maßstäben gemessen werden – sinken würden.

Für viele Menschen wäre dies schwer zu verstehen und noch schwieriger zu akzeptieren, insbesondere da die Auswirkungen des Klimawandels viele Jahre nach Einführung dieser Maßnahmen sogar noch verstärkt zu spüren wären.

Wenn man diesen Menschen jedoch eine andere Weltsicht nahelegen könnte, würde ihnen die Umstellung leichter fallen. Wenn es gelingen würde, ihre Wertvorstellungen so zu ändern, dass sie Konsum, Fortschritt, Freiheit und Wirtschaftswachstum in einem anderen Licht sähen, wären sie wesentlich gewillter, diese Veränderungen auf sich zu nehmen. Die Regierungen sollten daher eine Politik entwickeln, die eine neue Denkart einläutet und alternative Vorstellungen von menschlicher Weiterentwicklung fördert. Wenn es der Staatengemeinschaft gelingen würde, gerechtere und nachhaltigere Gesellschaften aufzubauen, würden die radikalen Veränderungen, die zur Senkung der Emissionen erforderlich sind, leichter verdaulich.

### Schluss mit Spekulationsgeschäften

Ein Schritt auf diesem Weg besteht darin, Spekulationsgeschäfte zu verbieten. Der Industrielle und Philanthrop Andrew Carnegie sagte bereits im 19. Jahrhundert: »Spekulation ist ein Parasit, der sich von Werten ernährt und selbst keine schafft. [...] Sie versetzt den Menschen in einen rauschähnlichen Zustand. Er ist dann nicht mehr in der Lage, Werte in Relation zu setzen oder die Dinge zu sehen, wie sie wirklich sind.«[5]

Es gibt viele Gründe, die für ein Ende der Spekulationsgeschäfte sprechen. Spekulation schafft Ungleichheit, wirtschaftliche Instabilität und verzerrt die Wertvorstellungen der Menschen. Durch Spekulation haben Vermögende im Gegensatz zu den Armen die Möglichkeit, ein Einkommen zu erzielen, indem sie ihr Vermögen investieren, statt etwas Produktives zu leisten. Spekulanten haben zudem die Angewohnheit, Wirtschaftsblasen zu verursachen und zu manipulieren. Spekulation begünstigt kurzfristiges Denken und fördert Geschäftsaktivitäten und Bilanzierungsmethoden, die darauf ausgelegt sind, den Preis von Investitionen erhöht darzustellen, unabhängig von ihrem wahren Wert.

Um dem ein Ende zu setzen, könnten Spekulationsgewinne aus allen Quellen (Währungen, Glücksspiele, Immobilien, Kunst, Aktien, Erdöl, Weizen und Schweinebäuche beispielsweise) mit 100 Prozent besteuert werden. Anders ausgedrückt: Wer ein Haus oder ein Gemälde kauft, sollte dies tun, weil er Wohnraum braucht oder ein hübsches Bild für die Wand, nicht weil er von deren Wertsteigerung profitieren möchte.

Der Verkauf komplexer Finanzinstrumente wie Derivate, Futures, Optionen, durch Hypotheken und sonstige Forderungen besicherte Wertpapiere kann ebenfalls verboten werden, da sie undurchsichtig und zumeist unnötig sind. Man sollte sich außerdem überlegen, das sogenannte »Asset Stripping« (Aufkauf einer Firma zum alleinigen Zweck ihrer anschließenden gewinnbringenden Verwertung) gesetzlich zu verbieten und Menschen daran zu hindern, dass sie Unternehmen kaufen, deren Pensionsfonds leer räumen, zur Aufnahme von Krediten zwingen, ihre Kosten drücken und ihre Preise erhöhen, um den falschen Eindruck von Profitabilität zu erwecken, bevor sie diese ausgeschlachteten und nicht mehr nachhaltigen Unternehmen mit Gewinn verkaufen.

Nun ist es natürlich so, dass Vorschriften eingeführt werden können, um Spekulationsgeschäfte zu verbieten und den Finanzsektor unter Kontrolle zu bringen. Es wird jedoch immer Menschen geben, die Wege finden, um diese Verbote und Kontrollmechanismen zu umgehen. Also könnten Menschen dafür belangt werden, wie dies in Teilen des chinesischen Rechtssystems geschieht, dass sie den Geist des Gesetzes brechen, nicht den Buchstaben. Wenn ein als redlich erachteter Mensch die Aktivitäten einer anderen Person als versuchte Umgehung von Antispekulationsgesetzen erachtet, kann Letztere belangt und so besteuert werden, als hätte sie diese Gesetze gebrochen. Dieses Prinzip könnte auch auf andere Klimamaßnahmen angewandt werden.

Gesetze könnten auch so geändert werden, dass Unternehmen rechtlich nicht mehr getrennt von deren Managern und Eigentümern behandelt werden. Derzeit können sich Manager und Firmenbosse leicht einer Strafverfolgung entziehen, wenn ihre Geschäftstätigkeit sozial oder ökologisch unverträglich ist. In Zukunft sollten sie für ihre Handlungen haftbar gemacht werden können. Ein derartiges Gesetz könnte sogar rückwirkend verabschiedet werden, sodass die Chefs der heutigen Ölfirmen, Fluggesellschaften und Automobilhersteller für ihre Umweltverbrechen angeklagt werden können.

Um die menschliche Gesellschaft von ihrer Fokussierung auf Wirtschaftswachstum abzubringen, könnten wir auch darüber nachdenken, Unternehmensgewinne und Kreditzinsen gesetzlich einzuschränken. Das aktuelle System wird vom Finanzsystem befeuert, das immer höhere Quartalsgewinne verlangt. Das würde die Unternehmen dazu zwingen, immer mehr zu verkaufen, immer mehr Rohstoffe zu verwenden und immer mehr Energie zu verbrauchen. Und das wiederum würde mehr Treibhausgasemissionen erzeugen und mehr Schulden verursachen. Der Wunsch nach immer höheren Gewinnen ist daher die Grundursache für das Klimaproblem und für viel Ungleichheit und finanzielle Instabilität.

Dies könnten wir durch geänderte Bilanzierungs- und Steuervorschriften oder durch Preisregelungen und Auflagen für Kreditvergaben ändern. Unternehmen jeder Größe könnten verpflichtet werden, Erträge öffentlich zu rechtfertigen, die den für den Fortbestand des Unternehmens erforderlichen Wert übersteigen. Statt sich auf Wachstum und kurzfristige Gewinne zu fokussieren, könnten Unternehmen stattdessen Anreize für gute Arbeitsverhältnisse und die Entwicklung ökologisch nachhaltiger Produkte erhalten.

Unternehmen und Menschen könnten auch dazu motiviert oder nötigenfalls gezwungen werden, ihren ökologischen Fußabdruck zu reduzieren. Die von ihnen verwendeten Rohstoffe könnten auf jene beschränkt werden, die aus Recycling verfügbar sind, und Müll könnte streng kontrolliert werden.

Andere Vorschläge, wie durch regulatorische Vorschriften ein Umdenken bewirkt werden kann, sind indirekter Natur. Dazu gehören Verbote von Nachrichtenkanälen, die rund um die Uhr auf Sendung sind, und zeitliche Einschränkungen bei der persönlichen

Nutzung von sozialen Medien. Diese lenken von der Aufgabe ab, den Klimawandel zu bremsen, und schüren kurzfristiges Denken und Individualismus. So wie manche Videospiele haben sich die sozialen Medien zu einer hochgradig süchtig machenden Droge entwickelt, die aber durch Hassreden, Beleidigungen und Provokationen häufig tiefe Gräben durch die Gesellschaft ziehen. Wenn wir diese Aktivitäten entsprechend regulieren und Online-Suchmaschinen unter unabhängige staatliche Kontrolle stellen, hätten die Regierungen deren Einfluss besser im Griff.

**Alles Übel an der Wurzel angehen**

Eigens eingerichtete staatliche Arbeitsgruppen könnten Vorschriften entwickeln, die …

- das Recht des Einzelnen auf Schädigung der Natur abschaffen.
- zukünftigen Generationen ein gleichberechtigtes Mitspracherecht bei der Entwicklung regulatorischer Vorschriften zugestehen.
- unnötigen Wasserverbrauch unterbinden, insbesondere in Industrieprozessen und in der Lebensmittelproduktion.
- die Rechte anderer Arten auf ein gedeihliches Leben schützen.
- die Wahrung der Privatsphäre als wesentliche Voraussetzung für Freiheit wiederherstellen.
- das Recht auf Privateigentum stark einschränken oder komplett aufheben.
- darauf eingehen, wie Wohlstand von der reichen Welt an die arme Welt umverteilt werden kann.
- jenen helfen, die emotional unter dem Klimawandel leiden.

- Sport, Bildung, Kunst, Literatur, Musik sowie Wissenschaft und Forschung fördern, um Aktivitäten zu unterstützen, die den sozialen Zusammenhalt stärken, ohne dass dabei der Einsatz nicht erneuerbarer Rohstoffe steigt.
- Hassreden in den sozialen Medien verbieten und die redaktionelle Kontrolle von Postings aus den Händen privater Technologie-Unternehmen nehmen.
- all jenen, die Grund und Boden verwalten, die treuhänderische Verantwortung dafür übertragen, dass der Grund und Boden für zukünftige Generationen bewahrt bleibt.
- Massentierhaltung verbieten.
- den Fleischkonsum begrenzen, zum Beispiel durch individuelle, nicht übertragbare Quoten.
- Monopole und Oligopole ausreichend regulieren.
- den Bankensektor, die Lebensmittelherstellung und den Lebensmitteleinzelhandel aufbrechen.
- die Waffenindustrie schließen.
- viele der besten und klügsten Köpfe der Gesellschaft dazu bringen, aus dem Finanzsektor auszusteigen und für die ökologische Wende mit ihren Umstellungen zu arbeiten.
- die Gesundheit der Flüsse, Seen und Meere wiederherstellen.
- Waren mit einer bewusst verkürzten Haltbarkeit verbieten.
- die Konsumwahl einschränken und unnötigen Luxus unterbinden.
- Werbung für unnötigen Konsum verbieten.
- die globalen Migrationsströme in den Griff bekommen.
- Menschen helfen, ihre Beziehung zur Natur besser zu verstehen.
- die Atomenergieindustrie schließen und die mittelfristige Notwendigkeit einer $CO_2$-freien Energieproduktion akzeptieren.

- auf eine verstärkte Zensur der Medien eingehen.
- die Ernährung und Gesundheit verbessern.
- minimale und maximale Wohnflächen pro Person festlegen.
- Höchst- und Mindesteinkommensniveaus festsetzen.
- das Mitspracherecht von Angestellten erhöhen, durch Anteilsbeteiligung, Partnerschaften und Kooperativen.
- Finanzierung und Beeinflussung von Politikern durch Unternehmen und Privatpersonen verbieten.
- die Arbeitswoche auf drei Tage verkürzen und bezahlte Arbeit neu definieren, sodass auch jene bezahlt werden, die bisher unentgeltliche Pflege und Betreuung anderer geleistet haben.

Was ich hier vorschlage, ist natürlich eine Wunschliste, und einiges davon wird bei vielen Menschen auf Ablehnung stoßen. Das ist ja auch logisch, haben sie doch viel zu verlieren, was ihren kurzfristigen materiellen Lebensstandard betrifft. Ich gehe dennoch davon aus, dass die Anzahl jener Menschen, die diese Vorschläge unterstützen, rasch steigen wird, da ein stetig weiterwachsender Anteil der Weltbevölkerung die Auswirkungen des Klimawandels spüren wird.

Meine Vorschläge basieren auf dem Ausmaß und der Dringlichkeit des Klimaproblems, nicht auf meinen persönlichen politischen Launen. Ich poche nicht auf die Schließung der Fossilindustrie oder die Umverteilung von Vermögen, weil ich politisch grün oder linksgerichtet bin, sondern weil solche Schritte die Chancen eines friedlichen und erfolgreichen Übergangs erhöhen.

Mir ist vollkommen bewusst, wie auch schon mehrfach betont, dass die nötigen Umstellungen enorme gesellschaftliche Umbrüche mit sich bringen würden. Für die meisten Menschen wäre allein das schon Grund genug, um sie abzulehnen. Vergessen Sie jedoch nicht, dass die Umbrüche, die sich einstellen werden, wenn wir nichts tun, noch viel gravierender und tödlich wären. Vergessen Sie auch nicht: Je länger die Menschheit zaudert und zögert, desto mehr verringert sich die Chance eines guten Ausgangs.

Oder betrachten wir es so: Das Wirtschaftssystem wird vom Klimawandel schwer in Mitleidenschaft gezogen werden, ganz egal was die Menschheit jetzt unternimmt. Wenn wir so weitermachen wie bisher und alles zunächst und vermeintlich beim Gewohnten bleibt, wird es nahezu vollkommen zerstört werden. Wenn wir das ändern und eine Deindustrialisierung rasch vorantreiben, können manche Teile der Wirtschaft noch gerettet werden.

# Wie sähe es aus, wenn wir nichts täten?

Wie würden sich die von mir vorgeschlagenen Änderungen auf die Menschen und die Unternehmen auswirken, im Vergleich dazu, wenn wir nichts täten? Hier sind einige Beispiele:

## Ein weltweit tätiger Automobilhersteller

**Ohne Umsetzung meiner Veränderungsvorschläge**

Ohne politische Veränderungen hält sich der Automobilabsatz vielleicht ein Jahrzehnt noch auf dem derzeitigen Niveau; der Anteil der Elektrofahrzeuge erhöht sich dabei um rund 10 Prozent. Mit fortschreitendem Klimawandel wird die Verwendung konventioneller Fahrzeuge und die Verfügbarkeit fossiler Kraftstoffe jedoch zusehends eingeschränkt. Die Automobilhersteller werden für ihre Rolle in der Verursachung des Klimaproblems angeprangert, und die Menschen schämen sich immer mehr, mit dem Auto zu fahren. In Teilen der Welt wird es zu nass, zu heiß oder zu trocken, um dort zu leben, damit sinkt die Nachfrage nach Autos immer mehr und verlagert sich in bewohnbarere Gegenden, etwa Nordkanada und Zentralrussland. In den Mittelmeerländern bricht die Nachfrage zusammen, weil die Bewohner ihre Heimat aufgrund von unerträglicher Hitze und zu wenig Wasser verlassen müssen. Dasselbe passiert in Florida, Vietnam und Australien aufgrund von Überschwemmungen, Bränden und Stürmen. Weltweit gibt es immer mehr Tote, was die Automobilmärkte weiter schrumpfen lässt. Zum Ende des Jahrhunderts werden die Verkaufszahlen auf weniger als ein Viertel des aktuellen Niveaus gesunken sein.

### Mit Umsetzung meiner Veränderungsvorschläge

Würden meine Vorschläge umgesetzt, würde nahezu jeder Automobilhersteller im nächsten Jahrzehnt zur Schließung verpflichtet werden. Danach würde eine kleine Anzahl verbleibender Hersteller unter eine Million Autos pro Jahr fertigen (weniger als ein Siebzigstel des aktuellen Volumens). Dabei würde es sich um kleine Elektroautos handeln, die zu 100 Prozent aus recyceltem Material bestehen und mittels öffentlichem Car-Sharing von der Allgemeinheit genutzt werden können.

## Ein mediterranes Hotel und Restaurant

### Ohne Umsetzung meiner Veränderungsvorschläge

Ohne die Verhängung von Einschränkungen strömen Touristen noch einige Jahre in die Mittelmeerregion. Aufgrund der gestiegenen Temperaturen bleiben im Sommer immer mehr Gäste aus und kommen stattdessen verstärkt im Frühjahr, Herbst und Winter. Der Zugang zu Wasser und lokal angebauten Lebensmitteln wird schwierig, und viele Bauern geben ihre Landwirtschaft auf, trotz Investitionen in Entsalzungsanlagen. Innerhalb von wenigen Jahrzehnten wird nahezu die gesamte Region verlassen worden sein, weil es zu heiß und zu trocken ist.

### Mit Umsetzung meiner Veränderungsvorschläge

Aufgrund von Emissionsbeschränkungen nimmt die Zahl der Touristen rasch ab, und viele Hotels und Restaurants in der Mittelmeerregion müssen schließen. Die lokale Bevölkerung verringert sich, da immer mehr Menschen Arbeit in anderen Gegenden suchen.

Für die verbleibenden Bewohner wird der Zugang zu Wasser und lokal angebauten Lebensmitteln schwierig, und viele Bauern sind gezwungen, ihre Landwirtschaft aufzugeben. Innerhalb von wenigen Jahrzehnten wird nahezu die gesamte Region verlassen worden sein, weil es zu heiß und zu trocken ist.

## Ein Sportartikelgeschäft in den Alpen

### Ohne Umsetzung meiner Veränderungsvorschläge

Ohne politische Veränderungen wird die Wintersportsaison Jahr für Jahr kürzer. In manchen Jahren wird es zu viel schneien, in anderen nahezu gar nicht. In der Sommersaison kommen weniger Wanderer, da die Gefahren durch schmelzende Gletscher und bröckelnde Berge immer größer werden. Innerhalb von ein bis zwei Jahrzehnten wird die Nachfrage nach Wander- und Kletteraktivitäten mehr oder weniger auf den Stand von vor 40 Jahren zurückgefallen sein, und viele Unternehmen müssen schließen. 2050 wird der Großteil der Region verlassen worden sein, da es zu gefährlich geworden ist, dort zu leben, und außerdem zu heiß und zu trocken.

**Mit Umsetzung meiner Veränderungsvorschläge**

Aufgrund von Einschränkungen im Automobilverkehr und nahezu keinen Flügen mehr kommen viel weniger Touristen, und die Nachfrage nach Sportartikeln geht zurück. Viele Unternehmen müssen schließen. Die Wintersportsaison verkürzt sich und wird weniger planbar, die Wandersaison wird aufgrund von schmelzenden Gletschern und bröckelnden Berggipfeln gefährlicher. Innerhalb eines Jahrzehnts wird die Nachfrage nach Wander- und Kletteraktivitäten mehr oder weniger auf den Stand von vor 100 Jahren zurückgefallen sein. Aufgrund der erhöhten Erdrutschgefahr sowie höheren Temperaturen und weniger Wasser werden viele Menschen die Region verlassen.

## Ein Bademodengeschäft in Byron Bay, Australien

**Ohne Umsetzung meiner Veränderungsvorschläge**

Ohne Veränderungen läuft das Geschäft Gefahr, durch die Jahr für Jahr immer heftigeren Buschfeuer vollkommen abzubrennen.

**Mit Umsetzung meiner Veränderungsvorschläge**

Trotz radikaler Maßnahmen zur Abwendung des Klimawandels (jedoch ohne Veränderungen in Australien) läuft das Geschäft Gefahr, durch die Jahr für Jahr immer heftigeren Buschfeuer vollkommen abzubrennen.

# Ein Kind in Salzburg

**Ohne Umsetzung meiner Veränderungsvorschläge**

Ohne Veränderungen wird das heranwachsende Kind immer heißere Sommer und immer schneeärmere Winter erleben. Frühling und Herbst werden kürzer, und Jahr für Jahr überleben weniger Bäume. Die Landschaft verändert sich. Innerhalb von wenigen Jahrzehnten sind die Temperaturen so hoch, dass die Stadt für Touristen nicht mehr attraktiv ist, außerdem gibt es nicht mehr genug lokal hergestellte Lebensmittel und Wasser, um die Gäste zu versorgen.

Da die südlichen Gegenden Europas und Länder in Nordafrika zusehends unbewohnbar werden, nimmt die Zahl der Migranten zu, wobei die meisten Neuankömmlinge in Zelten außerhalb der Stadt hausen. Viele Einheimische ziehen weiter in den Norden, in der Hoffnung, kältere Gegenden mit weniger Migranten, höherer Nahrungssicherheit und einem weniger überlasteten Gesundheitssystem vorzufinden. Anderswo einen Platz zum Leben zu finden ist jedoch schwierig, da zig Millionen von Menschen aus Zentral- und Südeuropa sowie aus den östlichen Mittelmeerländern dasselbe wollen.

**Mit Umsetzung meiner Veränderungsvorschläge**

Die Sommer werden heißer und die Winter schneeärmer. Frühling und Herbst werden kürzer, und jedes Jahr überleben weniger Bäume. Mit der Einführung radikaler politischer Maßnahmen zur Abwendung des Klimawandels und strengen Emissionsbeschränkungen geht die Anzahl der Touristen in der Stadt zurück, und viele Geschäfte müssen schließen. In der Stadt sinkt die Einwohnerzahl, und das Leben kehrt zu einem Rhythmus zurück, der eher jenem vor einem Jahrhundert gleicht. Nahezu alle Lebensmittel sind lokalen Ursprungs. Nach rund einem Jahrzehnt wird die Bevölkerung in der Stadt durch steigende Zuwanderung aus anderen Regionen wieder wachsen.

## Eine Bundesministerin in Berlin

### Ohne Umsetzung meiner Veränderungsvorschläge

Ohne politische Veränderungen geht das Leben der Berliner Ministerin zunächst so weiter wie bisher. Die politischen Temperaturen im Deutschen Bundestag werden jedoch rascher steigen als die Außentemperaturen. Die Flüsse im Land werden häufiger austrocknen, und viele Wälder werden sterben. Es wird immer heftigere Demonstrationen geben, die Veränderungen verlangen, und sie werden immer gewalttätiger. Die zunächst in vereinzelten Schüben eintreffenden Migranten aus Südeuropa, dem Nahen Osten und Afrika schwellen zu Strömen an. Letztendlich wird der Druck zu groß, die Ministerin tritt zurück. Sie findet einen Job an einer geruhsamen Universität in Bayern oder im Aufsichtsrat einer Fluggesellschaft. Ihre Kinder werden für den Rest ihres Lebens davon verfolgt, was ihre Mutter versäumt hat. Beschämt versuchen sie eines Nachts, schweißgebadet in der 33 °C heißen Oktobernacht, im Schutz der Dunkelheit aus der Stadt zu entkommen.

### Mit Umsetzung meiner Veränderungsvorschläge

Aufgrund ihrer mutigen Entscheidung, radikale Veränderungen zu unterstützen und Deutschlands Emissionen zu senken, erlebt die Ministerin heftige Widerstände. Es gibt Stimmen, die ihren Rauswurf fordern. Die Fossilindustrie, die Autohersteller und die Fluggesellschaften lehnen sich besonders lautstark auf. Mit der Schließung von Unternehmen und einem immer stärker aufgeheizten politischen Klima wächst der Druck auf die Regierung, den radikalen Veränderungskurs aufzugeben. »Wir brauchen unsere SUVs und unsere Urlaube in Spanien«, skandieren die Menschen. Die Ministerin fragt sich, warum sie noch weitermacht. In einem Restaurant ohne ihren Personenschutz angetroffen zu werden wäre riskant. Langsam wächst jedoch der Beifall für den Mut der Ministerin, denn die Flüsse im Land trocknen immer mehr aus, die Wälder sterben, und mehr Menschen erkennen, dass radikale Veränderung der einzig gangbare Weg ist. Lange nach ihrem Ausscheiden aus der Regierung erfahren ihre Kinder Dank dafür, was ihre Mutter getan hat, und Statuen werden zu ihren Ehren errichtet.

Wie Sie sehen, sind die Unterschiede zwischen der Umsetzung und der Nichtumsetzung von radikalen Maßnahmen, um den Klimawandel zu bremsen, oftmals recht klein. Für viele Menschen werden die Auswirkungen radikaler Maßnahmen außerdem schlimmer sein, als nichts zu tun, auf jeden Fall auf kurze Sicht. Dies liegt daran, dass die klimatische Entwicklung in den kommenden Jahrzehnten aufgrund von Verzögerungen im atmosphärischen System kaum beeinflussbar ist. Erst langfristig werden die Vorteile der radikalen politischen Veränderungen greifen, das heißt, großteils erst nach 2035.

## Wie können Unternehmen helfen?

Viele Menschen in Unternehmen möchten dazu beitragen, den Klimawandel zu bremsen. Was können sie tun? Die Antwort lautet leider: nicht viel. Mitarbeiter in Unternehmen sind meist Gefangene des Systems, dem sie dienen. Auch wenn sie noch so sehr das Richtige für die Gesellschaft und die Umwelt tun möchten, sind sie zur endlosen Maximierung kurzfristiger Profite gezwungen.

Sehen wir uns als Beispiel zwei ähnliche Unternehmen an. Nehmen wir an, dass eines davon verantwortungsvoll handelt. Es ändert seine Verpackungen so, dass sie recycelbar sind, installiert Solarpanele und führt in seinen asiatischen Werken Vorschriften zum Schutz der Arbeiter ein. Nehmen wir nun an, dass das andere Unternehmen nichts dergleichen tut. Wenn die Handlungen des verantwortungsvollen Unternehmens zu geringeren Gewinnen führen, gerät es vonseiten der Aktionäre, von denen das Geld zur Finanzierung des Unternehmens kommt, unter Druck. Dem Unternehmen wird beschieden, diesen neuen »Ökofundi-Kurs« abzustellen, und zwar pronto. Falls die Manager sich weigern, werden sie durch andere ersetzt, die Gewinnmaximierung zur Priorität machen.

Aus genau diesem Grund sind Ethikvorlesungen an Wirtschaftsuniversitäten komplette Zeitverschwendung. Auch wenn Manager ethisch handeln und ihre Unternehmen nachhaltig führen wollen, sind sie aufgrund des aktuellen Wirtschaftssystems gezwungen, stattdessen kurzfristige Gewinne zu maximieren. Solange die Unternehmen innerhalb der gesetzlichen Grenzen agieren, werden jene Manager und Firmenbosse, die gierig, kurzsichtig und eigennützig handeln, im Allgemeinen höhere Gewinne erzielen als jene, die sozial verantwortungsvoll handeln möchten. Wer Regeln umgeht oder ignoriert, macht oft sogar noch mehr Gewinn.

Natürlich gibt es auch Ausnahmen. Es gibt Unternehmen, deren Produkte die Umwelt nur sehr wenig belasten. Manche schaffen es sogar, ihre Kunden davon zu überzeugen, dafür höhere Preise zu zahlen. Diese Unternehmen sind aber meist in Nischenbereichen tätig, sie bedienen in der Regel Märkte, wo die Konsumenten bereit sind, zur Beruhigung ihres Gewissens tiefer in die Tasche zu greifen. In großen Teilen der Welt funktioniert die Geschäftswelt aber nicht so. In China, Indien und vielen anderen Ländern macht der niedrigste Preis den größten Umsatz.

Dennoch gibt es Schritte, die Unternehmen setzen könnten, um ökologisch verantwortungsvoller zu handeln, ohne ihr Gewinnmaximierungs-Korsett ablegen zu müssen. Sie könnten erneuerbare Energien nutzen, wann immer dies finanziell sinnvoll ist. Sonnenenergie ist in manchen Regionen heute die billigste Energiequelle. Sie könnten möglichst wenig Wasser verwenden, das würde gleichzeitig Geld sparen. Manche könnten ihre Produktdesigns so umgestalten, dass sie recycelbar wären. Das könnte sogar sehr profitabel sein. Zusätzlich könnten sie bei ihren Lieferanten und Kunden darauf hinwirken, dass auch diese ökologisch verantwortungsvoll handeln und weniger Wasser und Energie verbrauchen.

Unternehmen könnten sich auch bemühen, ihre Investoren von einer Umstellung auf einen jährlichen Berichterstattungszyklus zu überzeugen. Wenn man nicht alle zwölf Wochen höhere Gewinne ausweisen müsste, wäre das eine große Erleichterung und würde den Unternehmen sehr helfen, eine ganzheitlichere Sicht auf sich selbst, ihre Investitionen und ihre Märkte zu entwickeln. Schließlich könnten Unternehmen sich auch einer der Allianzen anschließen, die für bessere Umweltpraktiken eintreten und Unternehmen ermutigen, sich über Ideen und grüne Innovationen auszutauschen. Beispiele dafür sind UN Global Compact, We Mean Business und The B Team.

Manager und Firmenbosse könnten einfach aus umweltzerstörenden Sektoren aussteigen. Das könnte sich langfristig auch finanziell lohnen, denn viele derjenigen, die heute noch in umweltschädlichen Branchen tätig sind, laufen Gefahr, die finanzielle Unterstützung und den Versicherungsschutz zu verlieren, den ihre Unternehmen für ihren Fortbestand benötigen. Denn der Druck zur Schließung dieser Unternehmen wird steigen. Es könnte sinnvoll sein, die Aktiva zu verkaufen, bevor sie zwangsweise abgeschrieben werden müssen. Wer in diesen Branchen tätig ist, riskiert auch eine spätere Strafverfolgung sowie persönliche Ächtung, wenn sie weiter wissentlich Gase ausstoßen, die den Klimawandel verschlimmern. Jedenfalls wird der Druck auf umweltverschmutzende Industrien so zunehmen, dass die besten Köpfe aussteigen werden, was sich auf die Führung dieser Unternehmen nachteilig auswirken wird.

Der Ausstieg aus einem umweltschädlichen Wirtschaftssektor bedeutet nicht zwangsläufig das Ende eines Unternehmens. Manch multinationaler Konzern hat im Laufe seines Bestehens erfolgreich Richtungswechsel vorgenommen. Führungskräfte in umweltschädlichen Unternehmen sollten daher ihre Kernkompetenzen analysieren und dann nach Bereichen Ausschau halten, wo diese benötigt werden. Ein Fahrzeughersteller etwa hat einzigartige Kompetenzen in der Konstruktion und Fertigung von extrem komplexen Produkten von hohem Wert und in hoher Stückzahl. Nur sehr wenige Branchen benötigen zwar diese Kompetenzen, dennoch bietet sich zum Beispiel die Produktion von Haushaltsrobotern als aufstrebender wachsender Markt an. Aus diesem Grund investieren Unternehmen wie Honda und Toyota in die Robotik, in dem Wissen, dass die langfristige Zukunft der Automobilherstellung nicht nachhaltig ist.

Es werden sich außerdem viele Möglichkeiten infolge des Klimawandels auftun, bedingt durch die Schäden, die er verursacht oder zu verursachen droht. Neue Geschäftschancen werden sich auch in der Abwehr von Bränden und im Bau von Meeresschutzwällen ergeben. Hersteller von Geräten zur Behandlung von Atemwegsproblemen werden ebenfalls Geschäftszuwächse erleben, ebenso wie Anbieter von Klimaanlagen, Glas und anderen Materialien, die für die Reparatur von sturm- und brandgeschädigten Gebäuden benötigt werden. Auch Hersteller von Chemikalien, mit denen verschmutztes Wasser trinkbar gemacht werden kann, werden ein Marktwachstum erfahren.

Es wird Geschäftsmodelle geben, die es Unternehmen erlauben, Gewinne zu machen und gleichzeitig eine konstruktive Rolle im Übergang zu einer nachhaltigeren Gesellschaft zu spielen. Dazu gehören unter anderem die Herstellung von nachhaltigen Dämmstoffen, die Erzeugung bestimmter erneuerbarer Energieformen, die Abscheidung von CO2 und Methan, bezahlbares Wohnen und Speicherung von Energie.

## ZUSAMMENFASSUNG: WIE KÖNNEN UNTERNEHMEN HELFEN?

- Nutzen Sie möglichst wenig Energie und diese nur aus erneuerbaren Quellen.
- Verwenden Sie möglichst wenig Wasser.
- Steigen Sie aus umweltzerstörenden Sektoren aus.
- Entwickeln Sie Produkte, die wiederverwendet oder wiederverwertet werden können – dies kann sehr profitabel sein.
- Sorgen Sie für einen verantwortungsvollen Umgang mit der Umwelt in Ihrer gesamten Wertschöpfungskette.
- Setzen Sie auf langfristig orientierte Aktionäre und Gesellschafter und jährliche, nicht vierteljährliche Berichterstattung.
- Beteiligen Sie sich an Initiativen und Netzwerken wie UN Global Compact, We Mean Business, The B Team etc.

**Wo liegen die Geschäftschancen für Unternehmen?**

- Urbane Landwirtschaft
- Erneuerbare Energie
- Klimaanlagen
- Bezahlbares Wohnen
- Glas und Baustoffe
- Energiespeicherung
- Wärmedämmung
- CO2- und Methanabscheidung
- Telemedizin
- Car- und Bike-Sharing
- Hochwasserschutz
- Trinkwasseraufbereitung
- Intelligente Verbrauchsmessung
- Medizinische Geräte
- Wasserwirtschaft

Die Beispiele dienen lediglich der Veranschaulichung und sind nicht erschöpfend.

## Wie kann jeder Einzelne helfen?

Wie ich bereits erläutert habe, können einzelne Personen nicht viel tun, um den Klimawandel im Alleingang zu bremsen. Der Klimawandel ist ein kollektives Problem und kann nur gelöst werden, wenn Menschen kollektiv handeln. Auch wenn es natürlich hilft, wenn Sie persönlich weniger fliegen und weniger Fleisch essen, lässt sich viel mehr erreichen, wenn wir gemeinsam mit anderen daran arbeiten, den Druck auf die Politiker zur Einführung radikaler politischer Veränderungen zu verstärken. Es sollten Bündnisse geschlossen, Netzwerke aufgebaut und Volksversammlungen gegründet werden, und diese sollten dann dazu genutzt werden, um auf strukturelle Reformen zu drängen.

Eine wichtige Frage bleibt: Wie können jene Länder, die mutig genug sind, um radikale Maßnahmen durchzuziehen, andere Länder mit ins Boot holen? Dies ist sehr wichtig, denn wenn dies nicht gelingt, werden die Maßnahmen einzelner Länder letztlich nur wenig bewirken. Auf Deutschland und Österreich entfallen nicht einmal 2 Prozent der weltweiten Emissionen. Die beiden Länder allein können daher nicht viel erreichen. Wie bereits erwähnt: Auch wenn ganz Europa seine Emissionen auf null senken würde, würde die Erdatmosphäre immer noch in 12 bis 15 Jahren den kritischen Kipppunkt erreichen.

Aber fest steht auch: Um andere ins Boot zu holen, braucht es federführende Vorbilder, die das Gefühl der Hoffnung auf eine internationale Zusammengehörigkeit stärken können – auch wenn es sie vielleicht nie geben wird.

## Gemeinsam fallen wir, gemeinsam verändern wir

Neben Europa müssen die Hauptumweltsünder China, die USA, Indien, Russland und Japan ihr Verhalten ändern, gefolgt von Südkorea, Australien, Saudi-Arabien, Kanada, Iran, Indonesien und Brasilien. Zusammen produzieren diese Länder mehr als 75 Prozent der weltweiten Treibhausgase.

Bis zu einem gewissen Grad wird der Prozess des Zusammenrückens der Menschheit automatisch vonstattengehen. Die Anzahl jener, die Veränderungen fordern, wird steigen, wenn sie sehen, dass andere radikale Schritte setzen. Sie wird auch steigen, je mehr Menschen die Auswirkungen einer wärmeren Welt zu spüren bekommen. Dies wird vermutlich jedoch zu langsam geschehen, um eine Katastrophe abzuwenden, weshalb eine direktere Form der Motivation weiterhin nötig sein wird.

Für diejenigen, die das Richtige tun wollen, besteht der erste Schritt darin, eine Koalition der Willigen zu schaffen. Das mag erst mal schwierig erscheinen, entwickelt sich die Welt derzeit doch vielmehr in die andere Richtung. In Europa gibt es aber viele Länder, die gewillt sein könnten, dieser Gruppe beizutreten, ebenso jene Inselnationen, die durch steigende Meeresspiegel am meisten gefährdet sind. Es besteht zudem durchaus die Möglichkeit, China zum Beitritt zu einer Koalition für Veränderungen zu überzeugen. China ist der weltgrößte Emittent von Treibhausgasen, möchte aber eine »ökologische Zivilisation« aufbauen. Teile des Landes sind vom Klimawandel bereits stark in Mitleidenschaft gezogen, die Lebensmittelproduktion bereitet dort zunehmend Sorge. Die Chinesen haben also definitiv einen Anreiz, um eine führende Rolle zu übernehmen.

Andere koalitionswillige Staaten oder Regionen wären möglicherweise Kalifornien, immerhin die weltweit fünftgrößte Wirtschaftskraft (Stand Juni 2019). Auch viele Städte haben bereits ihre Bereitschaft zu radikalen Maßnahmen signalisiert.[6] Die katholische Kirche hat sich ebenfalls deutlich für Veränderungen ausgesprochen, und sie kann die Denkweise und das Verhalten von vielen Hunderten Millionen Menschen beeinflussen. Viele Menschen im Militär, im Bildungsbereich, im Versicherungssektor, im Rechtssystem und in den Vereinten Nationen sind sich über die Gefahren des Klimawandels im Klaren und könnten einen wertvollen Einfluss ausüben. Des Weiteren gibt es noch Organisationen wie Fridays for Future und Extinction Rebellion. Sie könnten eine große Rolle spielen, wenn es darum geht, eine breite Unterstützung für wichtige Veränderungen aufzubauen.

Es ist also durchaus möglich, sich, auch ohne eine allzu rosarote Brille zu tragen, eine Gruppe von mehreren Hundert Millionen Menschen vorzustellen, die ein radikales Umdenken unterstützt und deren kollektive Aktivitäten die globale Gegenwartsstimmung beeinflussen kann. Die Rolle der Zusammenführung dieser Koalition könnte von einem großen und einflussreichen Land übernommen werden – Deutschland beispielsweise – oder vielleicht von den Vereinten Nationen.

Die Hauptverschmutzer ins Boot zu holen wäre in jedem Fall unabdingbar. Wer auch immer Maßnahmen ergreift, hat nicht nur eine Vorbildwirkung für andere Nationen, sondern muss auch Anreize bieten, damit andere seinem Beispiel folgen. Dies könnte zum Beispiel in Form von Vermögens- und Technologietransfers erfolgen, um armen Nationen wie etwa Indien dabei zu helfen, ihre Lebensstandards anzuheben und gleichzeitig ihre Emissionen zu reduzieren. Brasilien, Indonesien und Kongo könnten großzügige Zahlungen zum Schutz ihrer Regenwälder erhalten. Die Federführenden könnten auch Restriktionen oder Sanktionen einführen, damit weniger verantwortungsvolle Länder nicht von jenen profitieren können, die Veränderungen vorantreiben.

Wie ich schon sagte, wird all das nicht einfach sein. All das ist aber notwendig, falls die Menschheit die nächsten Jahrzehnte überstehen möchte.

# Die Dinge werden sich ändern – ob durch Design oder durch Desaster

von Felix Austen

Es gibt zwei Blickwinkel, aus denen man auf die ziemlich überraschende Entscheidung blicken kann, die der niederländische Ministerpräsident Mark Rutte im Herbst 2019 verkündete: Auf niederländischen Autobahnen herrscht seit März 2020 ein Tempolimit von 100 Stundenkilometern (zumindest tagsüber).

Einerseits kann man diesen Beschluss als Schritt in die richtige Richtung werten, schließlich werden dadurch künftig deutlich weniger CO2-Emissionen im niederländischen Verkehrswesen anfallen. Es werden voraussichtlich weniger Menschen ihr Leben in Unfällen lassen. Es werden weniger giftige Stickoxide durch niederländische Städte wabern – und das Reisen wird wohl generell entspannter werden. Es ist ja auch nicht so, dass die Distanzen im kleinen Nachbarland besonders groß wären; etwas längere Fahrzeiten sind da nicht so dramatisch. Und im Zweifel gibt es außerdem ein zuverlässiges Bahnnetz.

Aus dieser Perspektive scheint das neue Gesetz eine kluge Designentscheidung zu sein. Design im Sinne einer smarten, pragmatischen Policy, die nicht einknickt vor dem Wachstumswahn der »Immer schneller, immer weiter, immer höher«-Fraktion, sondern ein achtsames Miteinander und einen respektvollen Umgang mit der Umwelt verkörpert. So sieht es in den Niederlanden eine Mehrheit, wie Umfragen niederländischer Tageszeitungen gezeigt haben. Und es passt ja irgendwie zum gemütlich-vernünftigen Bild, das wir von den Niederländern haben.

Doch natürlich gibt es auch die andere Seite. Die Beobachter, denen die Entscheidung für die Geschwindigkeitsbegrenzung wie eine bittere Pille schmeckt. Tempo 100 ist für sie ein zusätzliches Verbot, das die Menschen weiter in ihrer Freiheit einschränkt. Eine Belastung gerade für Pendler, für die der Arbeitsweg ohnehin einen hohen Stressfaktor darstellt. Sollen sie jetzt über den Asphalt kriechen, nur weil mit den Bürokraten mal wieder die Regulierungswut durchgeht?

Interessanterweise gehört auch der niederländische Premier Mark Rutte zur zweiten Fraktion. Er persönlich hat das Gesetz zu verantworten, und doch bezeichnete er es vor laufender Kamera als eine »beschissene Maßnahme«.

Doch warum, in Gottes Namen, hat er es dann verabschiedet?

Weil ihn ein politisches Desaster dazu gezwungen hat!

Aber der Reihe nach: In vielen niederländischen Städten herrscht – wie in ganz Europa – dicke Luft. Die europäischen Grenzwerte für Stickoxide werden seit Jahren regelmäßig überschritten. Damit brechen die Niederlande europäisches Recht. Ein niederländisches Gericht hatte die eigene Regierung deshalb dazu verdonnert, Tausende Bauprojekte – darunter Flughäfen und Straßen – zu stoppen, denn auch Baustellen blasen jede Menge Stickoxide in die Luft. Der Baustopp wirkte auf die konservative Regierung um Mark Rutte wie eine Daumenschraube, die sich jeden Tag, an dem die Beton- und Asphaltmischer stillstanden, weiter zuzog. Ein politisches Desaster, das Rutte zum Handeln zwang.

Warum nun das Beispiel über das Tempolimit auf niederländischen Autobahnen? Weil es uns eine einfache Wahrheit über die Zukunft unserer Politik, unserer Wirtschaft und letztlich unseres Lebens verrät. Es läuft auf eine einfache Formel hinaus:

*Die Dinge werden sich ändern –*
*durch Design oder durch Desaster.*

## Das Prinzip »design or disaster« liegt in der Natur der Nachhaltigkeit

All die Wissenschaftler, Organisationen, Bürger und, ja, auch Politiker, die seit Jahren eine – Achtung, Wort-Ungetüm! – Nachhaltigkeitstransformation fordern, haben das erkannt. Klar, heute ist der Begriff Nachhaltigkeit ein wenig wie das schicke neue Restaurant in der Stadt, in dem jeder gern sitzen möchte, obwohl niemand so genau weiß, was auf der Speisekarte steht. Alle schmücken sich damit, der Inhalt ist zweitrangig. (Wer das nicht glaubt, möge im Netz einmal nach den Begriffen »Exxon Mobil«, »Nestlé«, »BMW« oder auch »Gazprom« zusammen mit dem Wort »Nachhaltigkeit« suchen.)

Doch die Idee von »design or disaster« ist im ursprünglichen Verständnis von Nachhaltigkeit bereits verwurzelt. Bei der ersten Nennung des Begriffs Nachhaltigkeit durch Hans Carl von Carlowitz im Jahr 1713 beschreibt der Oberberghauptmann es vereinfacht gesagt als ein Prinzip, nach dem einem Wald nur so viele Bäume entnommen werden sollten, wie im Wald im selben Zeitraum wieder nachwachsen können. Denn nur so kann der Wald seine Bewirtschafter dauerhaft mit Bäumen versorgen – bestechend einfach und logisch.

Der konsequente Schluss daraus: Wer in seinem Forst *nicht* nachhaltig wirtschaftet, in dessen Wald wird sich etwas ändern. Ob er das will oder nicht.

Entweder weil er rechtzeitig gegensteuert, Äxte und Sägen öfters mal ruhen lässt und dem Wald so eine Verschnaufpause gönnt, in der er sich regenerieren kann. Das wäre ein möglicher Designweg. Im Desaster-Fall hält der Bewirtschafter des Waldes hingegen stur an seiner Einschlagquote fest, erzielt noch für ein paar Jahre hohe Renditen im Holzverkauf, während sich die Reihen im Forst langsam, aber sicher lichten und er eines Tages keine »reifen« Stämme mehr vorfindet und das Geschäft vorbei ist.

## Unsere Probleme sind komplizierter als ein Wald

Ohne den sehr komplexen Bäumen auf die Wurzeln treten zu wollen: Viele unserer heutigen Probleme sind komplizierter, als es in Carlowitz' Wäldchen der Fall war. Wie schädlich etwa Stickoxide konkret sind, wo die Messstationen stehen sollten und aus welchen Quellen sie in welchen Mengen stammen, darüber diskutiert die Wissenschaft trotz modernster Methoden weiter.

Und mit diesen Fragen ist es ja nicht getan: Die reinen wissenschaftlichen Fakten zeigen allein noch nicht auf, welches Design das beste ist. Sie sind vielmehr die Rohdaten, aus denen die behäbige Rechenmaschine Demokratie mit ihren gesellschaftlichen und politischen Algorithmen eine Antwort kalkulieren muss.

Und als wäre das nicht genug, kommt mit der Klimakatastrophe – der Mutter all unserer Probleme – eine Herausforderung auf uns zu, mit der die Rechenmaschine völlig überfordert ist. Das ist kein Wunder, denn sie ist nicht konzipiert für Derartiges.

Was sie insbesondere überfordert, sind zwei Dinge: Zuerst ist es das globale Ausmaß. Während Carlowitz seinen Wald trotz lauter Bäumen recht klar vor sich sieht und auch die niederländischen Luftprobleme einigermaßen deutliche Grenzen haben, umspannt unser Klima die gesamte Erde. Unsere Emissionen können Zigtausende Kilometer von unserem Zuhause entfernt Desaster mit auslösen, und ebenso gehen Überschwemmungen in Bayern, Waldbrände in Brandenburg und orkanartige Stürme im Ruhrgebiet mit auf Kappe einer, sagen wir, SUV-fahrenden US-Amerikanerin oder eines um die Welt jettenden Japaners. Die Grönländer haben nur wenige Emissionen dazu beigetragen, dass ihnen das Eisschelf unter den Füßen davonschmilzt.

Die zweite Charaktereigenschaft des Klimawandels, die es uns so schwer macht, ihn richtig zu greifen, ist seine Trägheit. Unsere Emissionen werden noch in Jahrzehnten die Erde weiter aufheizen. Der Stein, den wir gerade ins Rollen bringen, wird noch lange nach uns weiterpoltern. Und uns heute aufzuraffen, um ein Problem in (nicht mehr ganz so) ferner Zukunft zu lösen – das ist nicht unsere beste Disziplin.

Wie ein wirklich nachhaltiges Design vor diesem Hintergrund aussieht, wissen wir schlicht noch nicht. E-Autos und erneuerbare Energien sind eine Vorstufe, ein Kompromiss – aber sicherlich nicht der Weisheit letzter Schluss.

## Wo endet das Desaster, wo beginnt das Design?

Natürlich wird ein einigermaßen vernünftiger Forstunternehmer, der von seinem Wald lebt, seine Lebensgrundlage in der Realität nicht blindlings auslöschen. Er wird vielleicht ein paar Jahre zu viel Holz verkaufen und in Anbetracht der darauffolgenden schlechten Jahre an seinen Bewirtschaftungsmethoden feilen, aus Fehlern lernen.

So lässt sich auch das Beispiel aus den Niederlanden lesen: Dass der Verkehr mit Stickoxiden auf die Lunge schlägt, ist längst bekannt. Doch erst ein mittelgroßes Desaster – der gerichtlich verordnete Baustopp – konnte die Regierung dazu bewegen, das Design in die Hand zu nehmen und Maßnahmen zu beschließen, die das Problem mit den Stickoxiden in »nachhaltige« Bahnen lenkten.

Die Realität ist grau. Sie liegt irgendwo zwischen dem weißen Pol, also dem perfekten Design, und dem schwarzen Pol, also dem kompletten Desaster. Kleinere Desaster führen zu kleineren Designkorrekturen, ausbleibende oder schlechte Korrekturen zu kleinen Desastern – ein ständiges Wechselspiel. Während der Waldbesitzer das Desaster jedoch schnell zu spüren bekommt und schnell korrigieren kann, bricht das Desaster beim Klimawandel so verzögert über uns herein, dass es viel zu spät sein wird, erst dann zu reagieren.

## Warum Design, wenn doch auch das Desaster den Wandel bringt?

Für die Zukunft des Planeten könnte man sagen: Je heller der Grauton, desto besser. Soll heißen: Je früher wir als Gesellschaft im Allgemeinen und als Politik im Speziellen die bevorstehenden Veränderungen angehen und den Designprozess lostreten, desto besser ist es, denn desto mehr Designoptionen haben wir. Das hat zwei Gründe:

Erstens bleibt mehr Zeit, ein Design zu finden, das wirklich nachhaltig ist – wie auch immer dieses dann aussehen mag. Eines, das nicht an anderer Stelle, die wir im ersten Moment noch nicht auf dem Schirm haben, das nächste Desaster heraufbeschwört. Die Geschichte ist voller Beispiele derartiger Verschlimmbesserungen. Denken wir etwa an den praktischen Komfort, den uns Benzinautos und Plastiktüten anfangs beschert haben, und an das Desaster, das sie nun in der Atmosphäre und in den Ozeanen anrichten.

Und auch heute wieder stürzen wir uns auf Lösungen, die (noch) keine sind: Elektroautos, die mit schmutzigem Kohlestrom geladen werden, haben erst nach Zigtausenden Kilometern eine bessere Klimabilanz als Verbrenner erneuerbarer Energien.

Deshalb brauchen wir jeden einzelnen Tag, um Alternativen zu erproben. (Und ja, deshalb ist es vernünftig, nicht auf jeden neuen Zug sofort mit aufzuspringen, sondern Optionen zu prüfen. Was natürlich nicht bedeutet, jeglichen echten Wandel von vornherein kategorisch abzulehnen, wie das auf politischer Bühne leider auch oft fehlinterpretiert wird.) Auf dass wir ein Design finden, das uns möglichst gut in den Kram passt, Design darf und soll schließlich gefallen.

Hätten Rutte und seine Partei die Luftgrenzwerte schon früher ernst genommen, hätten sie auf Wissenschaftler und Juristen gehört, und hätten sie bereits vor Jahren damit angefangen, umweltfreundlichere Baumethoden zu fördern und biologischen Landbau voranzutreiben – beides kann den

Ausstoß von Stickoxiden senken –, wäre das drastische Tempolimit 100 zur Luftreinhaltung vielleicht gar nicht erst notwendig geworden.

Der zweite Grund, warum wir keine Minute verlieren sollten, um mit dem Design anzufangen, ist, dass in jeder Minute unwiederbringlich Ressourcen verloren gehen, die wir für den Designprozess dringend brauchen. Und dass der Klimawandel in jeder Minute schlimmer wird, mehr Menschen- und Tierleben fordert und die Natur unwiederbringlichen Schaden nimmt.

Doch erst ein Gericht brachte Rutte dazu, das Problem anzugehen. So könnte es auch bei Klimafragen kommen, weit über die Grenzen der Niederlande hinaus: Gerichte könnten die Regierungen mit den Notstandsgesetzen im Rücken dazu zwingen, ihre selbst gesteckten Ziele ernst zu nehmen und zu handeln. Schon heute testen die Opfer des Klimawandels und ihre Anwälte aus, wie das konkret funktionieren kann: Peruanische Bauern etwa versuchten, den Kohlekonzern RWE zu belangen, Bewohner der ostfriesischen Insel Langeoog brachten die EU vor Gericht, und die Nichtregierungsorganisation Client Earth setzt sich auf viele Arten dafür ein, die Politik für die Klimafolgen ihres Handelns in die Pflicht zu nehmen.

## Beispiele gefällig?

In Zukunft wird sich vieles verändern, wenn nicht durch Design, dann durch Desaster. Viele der Veränderungen sind uns in Zeit und Raum näher, als wir es wahrhaben möchten. Und wir müssen uns darüber im Klaren sein: Im Vergleich zu dem, was sich in Zukunft noch ändern werden muss, ist Tempo 100 nicht »beschissen«, sondern eher ein Mückenschiss.

Doch für alle Veränderungen gilt: Es lohnt sich, sofort mit dem Design zu beginnen, bevor es zum Desaster kommt.

Darum hier eine kleine Sammlung, ohne Anspruch auf Vollständigkeit. *(Die Designvorschläge im Folgenden entstammen nicht meiner Fantasie, sondern sind bereits erprobt. Über die meisten der Ideen haben wir bei Perspective Daily bereits berichtet.)*

**Wir werden anders bauen!**

Rund 8 Prozent der globalen CO2-Emissionen gehen einzig und allein auf die Herstellung von Zement zurück, mit dem Sandkörner zu Beton verbunden werden. Weil heute noch immer die meisten Gebäude in Deutschland mit Beton gebaut werden, bleibt die Baubranche – aller Wärme-Dämm-Matten und Aktiv-Häuser zum Trotz – ein schmutziges Geschäft.

Außerdem geht der Sand zur Neige, die Flüsse kommen nicht mehr hinterher, neues Baumaterial zu schleifen. In Asien ist es in den vergangenen Jahren bereits zu militärischen Konflikten um den meistverwendeten Rohstoff der Welt gekommen. Und damit nicht genug: All das Bauen versiegelt immer neue Flächen, verdrängt und zerschneidet Biotope, die Tiere und CO2 beherbergen.

- ***Desaster:*** *Warten wir, bis das Klima kippt und es kein Grün mehr gibt? Bis die Preise explodieren und Krieg um Rohstoffe herrscht?*

- ***Design:*** *Oder fangen wir an, mit Holz zu bauen, effizienten Carbon-Beton zu verwenden und Beton zu recyclen? Oder auf weniger Wohnraum, dafür genauso glücklich zu leben?*

**Wir werden weniger Fische aus dem Meer ziehen!**

Die Weltgesundheitsorganisation listet auf: Rund ein Drittel der weltweiten Fischbestände ist überfischt, 60 Prozent werden voll ausgeschöpft, und in gerade einmal 7 Prozent der Bestände gibt es noch Luft nach oben. Bestände, die überfischt werden, werden uns künftig weniger Fisch bescheren. Der wachsende Hunger in Schwellenländern macht uns zudem Konkurrenz am Weltmarktstand. Pro Kopf bleibt also weniger Fisch.

- ***Desaster:*** *Warten wir, bis die Fischbestände zusammenbrechen und überhaupt nichts mehr »liefern«? Bis Fischer ihre Fanggründe aus Verzweiflung mit zerstörerischen Fangmethoden wie Dynamitfischen oder Fischereikonzerne aus Habgier mit Grundschleppnetzen abtöten? Bis ganze Länder über die Nutzung der Fangrechte in Konflikte verwickelt werden, wie etwa zwischen Indien und Sri Lanka bereits geschehen?*

- ***Design:*** *Oder regeln wir, dass Fischerboote mit neu entwickelten Netzen ausgestattet werden, die den Beifang reduzieren? Berücksichtigen wir die Fischer, die auf ihren Fang existenziell angewiesen sind, in unseren Fangquoten? Und essen einfach wieder nur freitags ein Stück Fisch aus einem Gewässer in unserer Nähe?*

**Wir werden ein nachhaltiges Energiesystem aufbauen!**

In den 90ern verbreitete die Kohlelobby in deutschen Medien die falsche Warnung, dass unsere Stromnetze geringe Mengen erneuerbarer Energien verkraften könnten. (Im Jahr 2018 waren es übrigens schon über 40 Prozent). Ähnlich dämlich werden in 30 oder 40 Jahren die Aussagen derer erscheinen, die eine komplett erneuerbare Energieversorgung für technisch nicht machbar hielten. Und sie wird kommen, denn der gesellschaftliche Druck auf die Kohleköpfe in Politik und Industrie steigt nicht nur immer weiter, vor allem sind erneuerbare Energien wie Wind- und Solarkraft schon heute günstiger, und sie fallen weiter im Preis. Doch auch sie können nur ein erster Schritt sein, kommen doch bis heute kritische Stoffe zum Einsatz, die nicht zurückgewonnen werden können.

- ***Desaster:*** *Wollen wir unser verbleibendes* CO2-*Kontingent, das wir an anderer Stelle für kniffligere Aufgaben brauchen werden, mit ineffizienter Braunkohle verplempern? Warten, bis noch mehr Menschen in Deutschland an den giftigen Abgasen der Kohlekraftwerke sterben? Milliarden in Kohlesubventionen versenken? Und in Südafrika und Kolumbien durch unseren Steinkohleimport weiterhin Ökosysteme und Menschenrechte schänden?*

- ***Design:*** *Oder ziehen wir die Energiewende durch, auch von unten? Werden selbst zu Erzeugern, die durch kluge Investitionen weniger Geld für saubere Energie ausgeben? Die Technik- und Policy-Know-how entwickeln,* *die wir in die ganze Welt exportieren können? Die Strom an die Nachbarn exportieren, nicht weil sie Unmengen produzieren – sondern selbst so effizient damit umgehen, dass wir nur noch wenig brauchen? Und entwickeln wir Energiequellen, die wirklich nachhaltig sind, ohne kritische Rohstoffe auskommen und keine Berge von Sondermüll hinterlassen?*

**Wir werden uns von der intensiven Landwirtschaft verabschieden!**

Kilometerweit schweift das Auge über hiesige Felder, und zu sehen ist – Mais. Oder Raps. Doch weil alles gleich ist, blüht und verblüht auch alles zugleich. Fliegen, Bienen und Käfer finden nichts zu fressen und werden von den Pflanzenschutzmitteln vergiftet; die reine Biomasse der Insekten ist in Deutschland seit 1989 um 76 Prozent zurückgegangen. Und das Phosphat, auf das die toten Agrarfabriken angewiesen sind, wird schon heute aus Marokko und China importiert, wo es irgendwann zur Neige gehen wird.

- ***Desaster:*** *Warten wir, bis die Düngerlieferung ausbleibt? Bis mit den letzten Tieren auch ihr Erbgut für immer ausstirbt und es kein Zurück mehr gibt? Und die Böden nicht nur für die Käfer zu giftig zum Überleben sind, sondern auch für uns?*

- ***Design:*** *Oder führen wir Fruchtfolgen ein, mit denen weniger Dünger notwendig ist? Und fragen die Biobauern, deren Erträge genauso hoch sind wie die der kon-*

*ventionellen? Lassen auf dem Acker auch Abwechslung zu, damit die gesamte Ernte nicht mit einem Schädling steht und fällt? Und geben den Böden Zeit, Humus aufzubauen, in dem CO2 gebunden ist?*

Dass sich etwas verändert, ist alternativlos. Die Frage ist, ob wir es dem Desaster überlassen – oder endlich selbst anfangen, unsere Zukunft zu gestalten und den Designweg einschlagen.

# »Das geht nicht« ist ein schlechter Berater

von Maren Urner

Sie tritt in die Pedale, als würde sie verfolgt. Den Fahrtwind in den Haaren, die Dorfstraßen scheinen an ihr vorbeizufliegen. Ein letztes Mal der Blick zurück. Nicht weil sie verfolgt wird, sondern falls da doch ein Auto kommen sollte. Links abgebogen geht es an den Anstieg. Der einzige Berg – streng genommen wohl eher ein Hügel – weit und breit.

»Warum sagen immer alle: Das geht nicht?« Sie steigt aus dem Sattel. »Was, wenn jeder einfach einen Euro geben würde?« Ihr Herz schlägt bis zum Hals. »Was könnten wir damit anstellen? Welche Probleme lösen? Könnten wir so Ungerechtigkeit beenden?«

Wie naiv! Was für eine bescheuerte Idee! Wie soll das denn funktionieren? Wer sorgt dafür, dass alle mitmachen? Wer soll das verwalten? Von der Verteilung ganz zu schweigen. Das ist was für Profis![7]

Die Reaktionen, nein, die Einwände der anderen schießen ihr durch den Kopf – im Takt zum Pulsschlag, der auf den letzten Metern noch mal an Tempo gewinnt.

Aber wenn es die Aufgabe der Profis ist, warum regeln die es dann nicht? Schon wieder so eine naive Frage. »Vielleicht müssen wir einfach öfter mal naiv sein. Vielleicht müssen wir einfach öfter mal mutig sein.«

Mädchen, verrenn dich nicht! Wie oft habe ich das und Ähnliches gehört. Denn das Mädchen auf dem Rad bin ich.

Oder besser gesagt: Das Mädchen *war* ich. Damals war ich auf der Suche nach Lösungsansätzen gegen Armut und wirtschaftliche Ungerechtigkeit. Einige Monate zuvor hatte ich begonnen, mich im lokalen Weltladen zu engagieren und dachte über den Ansatz des Fairen Handels nach. Ich konnte und wollte nicht verstehen, wie Handel so »unfair« sein konnte.

»Vielleicht müssen wir einfach öfter mal naiv sein. Vielleicht müssen wir uns andere Geschichten erzählen!«

## Zurück ans Lagerfeuer

Was haben Lagerfeuer, Gala, Bunte und Co, das Gespräch mit guten Freunden und die neueste Netflix-Serie gemeinsam?

Immer geht es um Geschichten, ums Erzählen. Wir lieben Geschichten und Erzählungen. Egal ob Märchen, Klatsch und Tratsch der Reichen und Schönen oder die Geschichte unseres eigenen Lebens, die wir uns selbst und anderen erzählen. Wir mögen Geschichten, weil sie emotional sind, und je emotionaler eine Sache, umso besser bleibt sie im Gehirn hängen. Darum erinnern sich alle, die alt genug sind, an das, was sie an 9/11 gemacht haben.[8]

»Storytelling« heißt es auf Neudeutsch. Möglichst echt, möglichst nah dran soll es sein. Im Journalismus hat die Beschreibung von Protagonisten dabei teils absurde Züge angenommen. Galt die Aufmerksamkeit anfangs noch äußerlichen Details wie Figur, Frisur sowie Form und Farbe der Sehhilfe, schießen manche Journalisten bei der Suche nach der besten Story manchmal auch über das Ziel hinaus. So führte im »Fall Relotius« die überbordende Fantasie des Journalisten Claas Relotius zu einem handfesten Skandal für das Nachrichtenmagazin Der Spiegel.[9]

Wie wichtig Geschichten inklusive dazugehöriger Emotionen sind, haben längst auch die Marketingabteilungen der Unternehmen dieser Welt erkannt. Ihre Mitarbeiter geben Smoothies, Kopfhörern und Paketboxen eine eigene Persönlichkeit. Je größer die Nähe zum Kunden, je höher der Sammel- oder gar Suchtfaktor, desto erfolgreicher die Kampagne.

Und auch die Politik lebt von Geschichten: Sei es die Mär vom freien Markt, die Utopie einer Umverteilung oder die Wunschvorstellung einer weltoffenen Weltmacht.

Ein wenig philosophisch oder gar poetisch ausgedrückt ist unsere Persönlichkeit – und damit unser Leben – nichts anderes als eine Sammlung von Geschichten, die wir uns und anderen darüber erzählen.

Die offensichtliche Frage lautet also: Welche Geschichten wollen wir uns erzählen?

## Alles ist möglich?

Das Mädchen auf dem Rad ist längst kein Mädchen mehr und hat seit dem windigen Anstieg von damals zahlreiche Hügel und Berge erklommen. Manchmal auf Umwegen, manchmal in Begleitung und manchmal dem Verzweifeln nahe.

»Alles ist möglich!« Das ist nicht etwa mein tägliches Mantra oder der neueste Slogan eines Motivationstrainers, sondern steht in großen roten Buchstaben auf der Postkarte, die auf meinem Nachttisch liegt. Gleichzeitig geht mir eine Szene nicht aus dem Kopf: »Glauben Sie wirklich, dass ein 16-jähriges Mädchen etwas verändern kann?« Die Frage stellte ein Journalist der Co-Geschäftsleiterin von Greenpeace, Jennifer Morgan, beim Weltwirtschaftsgipfel in Davos.[10] Entscheidend ist hier das Jahr: 2019.

Nur ein Jahr später wirkt die Frage im besten Fall naiv. Das Mädchen – mittlerweile 17 Jahre alt – hat eine globale Bewegung angestoßen, die das Thema Klimakrise ein für alle Mal aus der Öko- und Umweltecke geholt und fest in der Mitte der Gesellschaft verankert hat. Jennifer Morgan war diejenige, die Greta Thunberg 2019 nach Davos holte. Vor einer Eishütte stehend antwortet die schulstreikende Schwedin auf die Frage, was sie ändern wolle, im Stil von Chuck Norris: »Alles!«

In diesem Wort schwingen Entschlossenheit, Mut und Hoffnung mit. Warum sind alle drei so wichtig?

## Du bist, was du …

»Das geht nicht!« – »Das schaffen wir nicht!« – »Das kannst du nicht!«

Bekommen wir wiederholt gesagt, dass etwas aussichtslos ist, dass wir etwas nicht können oder schaffen, sorgt das mit hoher Wahrscheinlichkeit dafür, dass genau das eintritt. Wir geben auf oder beginnen erst gar nicht. Vielleicht rechtfertigen wir unsere Entscheidung damit, dass es sowieso naiv sei, es überhaupt zu versuchen – was auch immer. Vielleicht schieben wir sogar noch einen zynischen Kommentar hinterher.

Was wir aus einer solchen Situation in jedem Fall lernen, ist, hilflos zu sein. Egal ob wir als Lernende oder als Arbeitnehmer eingeredet bekommen, unfähig zu sein, oder ob wir als Medienkonsumenten immer wieder erfahren, dass wir vor riesigen Herausforderungen stehen, ohne Bewältigungsstrategien für ebendiese aufgezeigt zu bekommen.

Das Phänomen der erlernten Hilflosigkeit erforscht der Psychologe Martin Seligman gemeinsam mit Kollegen bereits seit den 1960er-Jahren. Gut 50 Jahre später ist es nicht nur in zahlreichen Zusammenhängen gut erforscht, sondern ich nutze es als Ausgangspunkt für eine Neuformulierung der bekannten Aussage: »Du bist, was du isst!« zu »Du bist, was du denkst!«

So haben uns Neurowissenschaftler, Psychologen und Verhaltensforscher auf der ganzen Welt eindrücklich gezeigt, wie wichtig unsere Gedankenwelt ist. Jeder, der sich ernsthaft mit dieser Thematik beschäftigt, lernt schnell, dass die Trennung von Körper und Geist überholt ist. Fast im Stundentakt veröffentlichen Wissenschaftler neue Studienergebnisse, die zeigen, wie unsere mentale Welt unsere Wahrnehmung und unser Handeln beeinflusst.[11]

So wissen wir mittlerweile, dass an der Aussage »Angst ist ein schlechter Berater« nicht nur das sprichwörtliche Körnchen Wahrheit dran ist, sondern dicke fette Brocken. So verringert Angst unsere Fähigkeit, klar zu denken und Aufgaben zu lösen, zum Beispiel indem sie die Kapazität unseres Arbeitsgedächtnisses verringert.[12] Mehr noch: Angst lähmt uns. Positive Emotionen wie Freude und das Gefühl von Sicherheit erreichen genau das Gegenteil.[13]

Also: Zeit, zu akzeptieren: »Du bist, was du denkst!«

## Alles ist möglich? Teil 2!

Natürlich ist nicht alles möglich! Aber seien wir doch einmal kurz naiv und stellen uns vor, wir meinten es wirklich ernst. Mit der Bewältigung der Klimakrise, dem Erreichen des Pariser Klimaabkommens von 2015, die durchschnittliche Erderwärmung auf 1,5 Grad Celsius zu begrenzen. Was bräuchten wir dafür?

Vor allem brauchen wir Geschichten mit Lösungsansätzen und Visionen – statt Zynismus und Sündenbocksuche. Wir brauchen die Geschichte, ja, die Utopie einer Zukunft, in der wir leben können und wollen.

Dabei haben nicht nur die klassischen Gutmenschen erkannt, dass die wichtigste Zutat für eine lebenswerte Zukunft in unserem Kopf zu finden ist.

»Die Menschen, die dieses System [, das täglich Millionen Barrel Öl fördert,] geschaffen haben und es unterhalten und verbessert haben, die jetzt verpflichtet sind, den Kohlenstoffanteil des Systems zu reduzieren, haben große Probleme, sich etwas auszumalen, das in relativ kurzer Zeit das bestehende System ablöst. Es ist eine Art Vorstellungsproblem, ein Traumproblem. Und ich gebe zu, dass dies Teil unserer Denkweise ist; es ist schwierig (…) wir müssen unsere Gehirne umprogrammieren.«[14] So bringt es der Antichrist der Klimabewegung, Sir Mark Moody-Stuart, ehemaliger Vorstandsvorsitzender bei Shell, auf den Punkt.

Stellen wir uns also vor, wir meinten es wirklich ernst – und programmierten kollektiv unsere Gehirne um. Weg vom problemorientierten, hin zum lösungsorientierten Denken. Mit dieser Idee habe ich mit meinem Kollegen Felix Austen vor einiger Zeit eine Artikelreihe ins Leben gerufen, die den

Titel trägt: »Dinge, die die Welt nicht braucht!«[15] Plastikflaschen, Einwegspielzeug und unnütze Putzmittel – bei manchen Dingen sind wir uns sicher schnell einig. Aber wie sieht es mit Haustieren, SUVs und Küchengeräten aus? Stoff für Debatten, die wir lösungsorientiert und vor allem mit Blick nach vorn führen sollten. Also statt eingeschränkten Blicks bis zur nächsten Fahrt durch den Stadtdschungel oder zum Ende der Legislaturperiode oder dem Beginn der bevorstehenden Pension einfach mal die Langzeitbrille aufgesetzt.

Das wiederum ist gar nicht so einfach, weil unser Gehirn weder besonders gut darin ist, langfristig zu planen, noch Dinge zu tun, die ein Umdenken erfordern. Denn beides ist anstrengend und kostet unseren Denkapparat so wichtige Ressourcen.

Um unser von Natur aus faules Gehirn zu überlisten, helfen psychologische und neurowissenschaftliche Erkenntnisse der letzten Jahre.

## Drei Zutaten, um das Gehirn umzuprogrammieren

»Nur wenige Menschen können ohne Druck von außen wichtige Dinge in ihrem Leben umwerfen oder verändern, egal ob es um das Arbeits- oder das Privatleben geht. Warum auch? Wenn sie es gewohnt sind, jahrzehntelang auf eine bestimmte Art zu arbeiten, um eine bestimmte Art von Menschen anzuziehen, die mit einer bestimmten Art von Kenntnissen und Können ein Unternehmen vorwärtstreiben.«[16]

Der niederländische Anwalt Roger Cox fasst den Umstand, dass wir Menschen Gewohnheitstiere sind, gut zusammen. Er selbst ist einem internationalen Publikum 2015 bekannt geworden, als er gemeinsam mit der Stiftung »Urgenda« erfolgreich den niederländischen Staat verklagte, den Ausstoß klimaschädlicher Treibhausgase aktiver zu bekämpfen und ganz konkret bis 2020 mindestens 25 Prozent weniger Treibhausgase auszustoßen im Vergleich zu 1990.[17]

Der Rechtsweg ist also nicht ausgeschlossen! Wie aber schaffen wir es, bei uns selbst und unseren Mitmenschen klimafreundliches Verhalten zu stimulieren? Indem wir Geschichten erzählen, die nicht die Schuldfrage in den Mittelpunkt stellen, die nicht ausschließlich die Gefahren und Risiken betonen, sondern das, was wir gewinnen können.

Schreckensbilder – egal ob auf Zigarettenschachteln oder von schmelzenden Gletschern und brennenden Wäldern – sind keine besonders wirksame Methode, um Menschen das Rauchen oder ihr CO2-intensives Verhalten abzugewöhnen. Denn wie wir bereits wissen, führt Angst zu Trägheit und Untätigkeit. Verhaltensänderungen – also das Gegenteil – können durch mindestens drei Zutaten befördert werden:

1. Sozialer Vergleich: Wir alle sind soziale Wesen und vergleichen uns ständig. Erfahren wir beispielsweise, dass 9 von 10 Menschen ihre Steuern schon gezahlt haben, sind wir geneigter, es der Mehrheit gleichzutun.[18] Ein wichtiges Stichwort ist die sogenannte »Gamification«, also das Nutzen von spielerischen Elementen. So kann beispielsweise eine Stadt Energie sparen, indem die sparsamste Straße oder das innovativste Viertel am Ende des Jahres ausgezeichnet wird.

2. Sofortige Belohnung: Wir alle tendieren dazu, lieber jetzt die 10 Euro zu nehmen, statt auf die 15 Euro

in einer Woche zu warten. Langzeitdenken fällt uns schwer – schließlich signalisiert unser Steinzeithirn uns ständig, besser jetzt sofort vorzusorgen. Wer weiß, ob wir nächste Woche nicht schon vom Säbelzahntiger verspeist werden. Was hilft dagegen? Menschen direkt für Verhaltensweisen zu belohnen, die sich positiv auf ihre Zukunft auswirken. So stieg die Anzahl der Ärzte, die ihre Hände vor und nach dem Patientenbesuch desinfizierten von 10 auf 90 Prozent, wenn der traditionelle Zettel mit Verweis durch direktes positives Feedback auf einem kleinen Monitor ersetzt wurde.[19] Also: Jedes Bahnticket, jede Fahrt mit dem Rad und jede vegetarische Mahlzeit sollte direkt belohnt werden – so ist der Kick im Gehirn garantiert.

3. Gefühlte Kontrolle: Unser Gehirn hasst Unsicherheit und liebt den Wettbewerb. Also: Geben wir ihm das Gefühl von Sicherheit und die Aussicht auf Verbesserung. Anknüpfend an 2. kann das zum Beispiel bedeuten, ein Belohnungssystem mit unterschiedlichen Stufen, die klar definiert sind, einzuführen. Vom »Klima-Amateur« zum »AllStar« oder »Profi«. Punkte sammeln, sich verbessern und mit anderen vergleichen sowie klare Spielregeln. Hier kommt alles zusammen!

Ist also doch alles möglich?

## (Fast) alles ist möglich!

Neben der Postkarte mit den dicken roten Buchstaben »Alles ist möglich!« liegt noch eine weitere. »Nur Mut!« steht dort in weißen Buchstaben auf meerblauem Grund. Ich habe sie geschenkt bekommen.

Mut hat das schwedische Mädchen gezeigt, das nach einer Depression aus ihrem beispiellosen Klima-Aktivismus Energie und Sinnhaftigkeit zieht. Das Mädchen, das zur »Person des Jahres« gekürt wurde und Millionen Menschen vereint, um auf den Straßen dieser Welt »for Future« zu protestieren. Schüler, Eltern, Großeltern, Wissenschaftler, Unternehmer – sogar Lehrer gehen gemeinsam mit dem schwänzenden Nachwuchs auf die Straße.

Mut zeigt auch das kleine Land Costa Rica, das mit seinem ambitionierten Plan, klimaneutral zu werden, der Welt aktuell zeigt, dass eine schnelle Entwicklung hin zu CO2-Neutralität möglich und profitabel ist. »Wir müssen die Menschen inspirieren«, erklärt Präsident Carlos Alvarado Quesada.[20]

Mut legt ebenso die Stadt Barcelona an den Tag, die nicht nur wie zahlreiche andere Städte und Regionen auch den Klimanotstand ausgerufen hat, sondern gleichzeitig ganz konkrete Pläne für Mobilität, Essen, Wirtschaft, Abfall und Co aufstellt und für ein neues Narrativ plädiert: »Der Klimanotstand soll uns anregen, ein Model der Entwicklung zu finden, das die ökologischen Grenzen des Planeten respektiert und ein würdevolles Leben für alle sicherstellt.«[21]

Für mehr Mut brauchen wir nicht nur Geschichten des Gelingens, sondern müssen uns immer fragen: Wie kann es besser werden? Der Tweet vom Berliner Verwaltungsfachangestellten Marco Fechner im August 2019 bringt diese Perspektive auf den Punkt: »Es wäre so geil, würde sich die kommende Bundestagswahl um die Frage drehen, wie man allen Menschen das Leben leichter machen kann, statt darum, welchen man das Leben schwerer macht.«[22]

Nein, nicht alles ist möglich. Aber um die Berge zu erklimmen, die vor uns liegen, brauchen wir nur Mut. Mut, uns Geschichten einer lebenswerten Zukunft zu erzählen – um sie wahr werden zu lassen!

# DER BEGINN EINES NEUEN ZEITALTERS

Ich weiß, dass das, was ich geschrieben habe, aus vielerlei Gründen schwer zu verstehen und anzunehmen ist. Es ist schwer zu akzeptieren, dass die Menschheit diesen schrecklichen Schlamassel selbst verursacht hat. Dass wir für so viel Schaden verantwortlich sind und dass die Zukunft für die meisten Menschen nicht so gut sein wird wie die Gegenwart. Wer will das schon gern auf sich nehmen?

Es mag Sie überraschen, aber ich bin mehr als gewillt, es zu tun. Ich möchte die Chance nutzen, die es tief im Inneren dieses Wir-stehen-am-Rande-des-Abgrunds-Schicksals zu finden gilt, die Chance, das Ruder noch herumzureißen, wenn wir das bloß inständig genug wollen.

Der erste Schritt ist nicht schwierig. Er besteht lediglich darin, die Zukunft der Menschheit realistisch zu betrachten und zu begreifen, dass wir es gründlich und existenziell vermasselt haben. Das ist die Erkenntnis, die nötig ist, um die fortschreitende Zerstörung aufzuhalten, um die Denkweise und das Verhalten der Menschen zu ändern und um die Dinge in die Hand zu nehmen. Es ist eine Frage der Reife, sich bewusst zu machen, dass es in unserer Verantwortung liegt, die Probleme zu richten, die wir verursacht haben, statt sich von ihnen überfordert zu fühlen oder gar nichts zu tun.

Wir leben zweifellos in einer Zeit von großer Gefahr, und der Weg vor uns birgt große Risiken. Vor uns liegt aber auch eine großartige Gelegenheit, die Chance auf eine neue Blüte der menschlichen Entwicklung, eine Wiedergeburt in neuer Form. Wir haben die Chance, eine neue Ära einzuläuten, die von radikal anderen Ideen getragen ist, die alles wieder infrage stellt und die die Grundfesten für eine dauerhafte menschliche Zivilisation schafft, in der die Menschen im Einklang leben mit der Natur, als deren Hüter. Der Rand des Abgrunds kann zu einem der großen Momente in der Geschichte der Menschheit werden, wenn wir uns dazu entschließen. Wir müssen bloß kehrtmachen, unsere Schritte der letzten Jahrhunderte zurückgehen und dann einen anderen Weg einschlagen.

# DANKSAGUNG

Ein Buch über den Klimawandel und die damit verbundenen Herausforderungen für die Menschheit zu schreiben ist zwangsläufig mit gemischten Gefühlen verbunden. Da ist einerseits das inständige Bedürfnis, anderen zu helfen, dass sie die dringende Notwendigkeit radikaler Veränderungen auch wirklich verstehen, und die Hoffnung, dass dieses Buch zu den dafür nötigen radikalen Maßnahmen ermutigen kann. Andererseits lastet das Wissen darum, wie schwierig dieser Kampf sein wird und wie viel auf dem Spiel steht, natürlich schwer. Es ist ein Balanceakt auf einem schmalen Grat.

Diesen zu schaffen wäre ohne die Hilfe der Menschen um mich herum, meine Weggefährten, nicht möglich gewesen.

Ich danke ganz besonders meiner Frau Mitzi sowie meiner Familie und meinen Freunden für ihre Unterstützung und Liebe und auch für ihre Bereitschaft, auf dieser schwierigen Reise nicht von meiner Seite zu weichen. Danken möchte ich auch Herbert Lenz für seine große Klugheit, Verena Schörner für ihre umsichtige Beratung und Nina Sattler-Hovdar für ihre Geduld und Kompetenz. Besonderer Dank gilt auch Sarah Weiß, Diana Napolitano und all den vielen anderen, die mir ihre Unterstützung, ihre Ideen und ihren Einfluss so lange so großzügig angeboten haben.

# ÜBER DIE AUTOREN

Der Ökonom Graeme Maxton ist Vollmitglied des *Club of Rome*, für den er zwischen 2014 und 2018 als Generalsekretär agierte. Seine scharfe Kritik am modernen ökonomischen Denken veröffentlichte er in den Bestsellern »Ein Prozent ist genug: Mit wenig Wachstum soziale Ungleichheit, Arbeitslosigkeit und Klimawandel bekämpfen«, »Die Wachstumslüge« und »CHANGE. Warum wir eine radikale Wende brauchen«. Der gebürtige Schotte lebt heute in Wien und Taiwan.

Die Neurowissenschaftlerin Prof. Dr. Maren Urner ist Mitgründerin von Perspective Daily, dem ersten werbefreien Online-Magazin für Konstruktiven Journalismus. Seit Oktober 2019 ist sie Professorin für Medienpsychologie an der Hochschule für Medien, Kommunikation und Wirtschaft in Köln. Ihr erstes Buch »Schluss mit dem täglichen Weltuntergang« wurde innerhalb kürzester Zeit zum SPIEGEL-Bestseller.

Der Physiker Felix Austen schreibt bei Perspective Daily zu den Themen Klima, Landwirtschaft, Energie und Umwelt. Er widmet sich in seinen Artikeln maßgeblich der Frage: Was können Wissenschaft, Politik und Gesellschaft tun, damit alle auf der Welt, mit der Welt und von der Welt gut leben können, und begibt sich auf die Suche nach dem heiligen Gral der Nachhaltigkeit!

# Anmerkungen

## Teil 1: Das Problem

1 Daten des WWF

2 UN-Bericht: Nature's Dangerous Decline 'Unprecedented'; Species Extinction Rates 'Accelerating', May 2019 https://www.un.org/sustainabledevelopment/blog/2019/05/nature-decline-unprecedented-report/

3 UN-Bericht: Nature's Dangerous Decline 'Unprecedented'; Species Extinction Rates 'Accelerating', Mai 2019 https://www.un.org/sustainabledevelopment/blog/2019/05/nature-decline-unprecedented-report/

4 Bodendegradation ist die Verschlechterung der Bodenqualität bis hin zum totalen Verlust der ökosystemaren Dienstleistungen (z. B. der Humuskreislauf durch Mikroorganismen, Würmer, Pilze und Insekten) des Bodens. Das heißt, die Qualität des Bodens sinkt radikal ab, bis dieser schließlich »tot« ist und die Fläche nicht weiter landwirtschaftlich genutzt werden kann beziehungsweise auf dieser Erde schlicht nichts mehr wächst. https://bodendegradation.de/

5 Andrea See, serialdeviant.org, April 2018

6 https://www.dw.com/en/ocean-dead-zones-cover-an-area-larger-than-the-united-kingdom/a-39941558

7 UN-Bericht: Nature's Dangerous Decline 'Unprecedented'; Species Extinction Rates 'Accelerating', May 2019 https://www.un.org/sustainabledevelopment/blog/2019/05/nature-decline-unprecedented-report/

8 'How air pollution is destroying our health', Weltgesundheitsorganisation, Mai 2018 https://www.who.int/news-room/detail/02-05-2018-9-out-of-10-people-worldwide-breathe-polluted-air-but-more-countries-are-taking-action

9 Historische Daten des Carbon Dioxide Information Analysis Center, https://cdiac.ess-dive.lbl.gov/trends/emis/meth_reg.html

10 Lindsey, August 2018, Climate Change: Atmospheric Carbon Dioxide, https://www.climate.gov/news-features/understanding-climate/climate-change-atmospheric-carbon-dioxide

11 Erfasst am 15. Mai 2019 am Mauna Loa Observatorium auf Hawaii. Der Spitzenwert wird jährlich meist im Frühsommer gemessen. https://www.co2.earth/daily-co2

12 NOAA – Seit Beginn der Industriellen Revolution ist der pH-Wert der Meeresoberflächengewässer von 8,21 auf 8,10 gesunken. Ein sinkender pH-Wert wird als Versauerung der Meere bezeichnet. Die pH-Skala ist logarithmisch. Wenn also der pH-Wert um eine Einheit sinkt, bedeutet das aufgrund der logarithmischen Skala, dass sich der Säurewert um den Faktor 10 erhöht. Eine Veränderung um 0,1 bedeutet eine Erhöhung um rund 30 Prozent. https://www.climate.gov/news-features/understanding-climate/climate-change-atmospheric-carbon-dioxide

13 Smithsonian, Ocean Acidification, the Ocean Portal, https://ocean.si.edu/ocean-life/invertebrates/ocean-acidification

14 Website der US-Klimabehörde NOAA, Climate.gov, August 2018

15 US NOAA http://www.esrl.noaa.gov/gmd/dv/iadv/graph.php?code=MLO&program=ccgg&type=ts

16 Turetsky et al, Nature, 2019 Permafrost collapse is accelerating carbon release. https://www.nature.com/articles/d41586-019-01313-4

17 Beim Fracking (abgeleitet von »Hydraulic Fracturing«) wird unter hohem Druck eine Mischung aus Wasser, Sand und Chemikalien bis zu mehrere Kilometer tief in den Boden gepresst. Dadurch zerbricht das Gestein und gibt das im Boden befindliche Erdöl bzw. Erdgas frei. Die Praxis ist aufgrund der verwendeten Chemikalien und extremen Eingriffe in den Naturhaushalt sehr umstritten.

18 Siehe z. B.: https://www.sciencedaily.com/releases/2019/08/190814090610.htm sowie:

https://www.nationalgeographic.com/environment/2019/08/fracking-boom-tied-to-methane-spike-in-earths-atmosphere/

19 US-Umweltschutzbehörde. https:// www.epa.gov/climate-indicators/climate-change-indicators-atmospheric-concentrations-greenhouse-gases. Siehe auch Europäische Umweltagentur (EEA): https://www.eea.europa.eu/data-and-maps/daviz/atmospheric-concentration-of-carbon-dioxide-4

20 Samset, B., 'Aerosols and Climate', Oktober 2016, https://oxfordre.com/climatescience/view/10.1093/acrefore/9780190228620.001.0001/acrefore-9780190228620-e-13

21 Ramachandran S. (2018), Aerosols and Climate Change: Present Understanding, Challenges, and Future Outlook. In: Vadrevu K., Ohara T., Justice C. (eds) Land-Atmospheric Research Applications in South and Southeast Asia. Springer Remote Sensing/Photogrammetry. Springer, Cham

22 Fang Y. et al, Air pollution and associated human mortality: The role of airpollutant emissions, climate change and methane concentration increases from the pre-industrial period to present, July 2012 https://www.atmos-chem-phys.net/13/1377/2013/acp-13-1377-2013.pdf

23 Davon ausgenommen ist Ruß (schwarzer Kohlenstoff), der ebenfalls als Aerosol in der Atmosphäre verbleibt, jedoch aufheizend wirkt wie ein Treibhausgas. Ruß verändert auch das Rückstrahlvermögen der Oberfläche, wenn er sich auf Schnee und Eis ablagert.

24 Samset et al, Januar 2018, Climate Impacts From a Removal of Anthropogenic Aerosol Emissions. https://agupubs.onlinelibrary.wiley.com/doi/full/10.1002/2017GL076079

25 https://www.carbonbrief.org/analysis-four-years-left-one-point-five-carbon-budget
Siehe Link zur Berechnung unter: https://docs.google.com/spreadsheets/d/1GJSvGUtvgQifLYM0CUVJywaaTdSUJQjFq3qr5eC_Dzg/edit#gid=372766592

26 Global warming will happen faster than we think, Nature, December 2018, https://www.nature.com/articles/d41586-018-07586-5

27 Armed Conflict Location & Event Data Project, siehe ICRC-Bericht vom Januar 2019

28 National Institution for Transforming India (NITI Aayog), Water Index, Bericht 2018

29 Gesundheitsministerium von Sri Lanka, Abt. für Epidemiologie, Denguefieber-Statistik 2010 bis 2019, http://www.epid.gov.lk/web/index.php?Itemid=448&lang=en&option=com_casesanddeaths#

30 https://journals.plos.org/plosntds/article?id=10.1371/journal.pntd.0007389

31 Nature Microbiology Journal, The current and future global distribution and population at risk of dengue, Juni 2019

32 US Center for Disease Control and Prevention https://www.cdc.gov/lyme/stats/graphs.html

33 https://www.epa.gov/climate-indicators/climate-change-indicators-lyme-disease

34 https://www.livescience.com/63252-climate-change-increases-vibrio-bacteria.html

35 https://www.nationalgeographic.com/environment/2019/01/greeland-ice-melting-four-times-faster-than-thought-raising-sea-level/

36 2019

37 »Estimating the Greenland ice sheet surface mass balance contribution to future sea level rise using the regional atmospheric climate model MAR«, https://www.the-cryosphere.net/7/469/2013/

38 https://www.sciencealert.com/greenland-s-ice-losses-match-the-highest-sea-level-scenario-scientists-say

39 https://www.smithsonianmag.com/smart-news/antarcticas-ice-loss-has-reached-250-billion-tons-year-180971280/

40 Nature Communications: New elevation data triple estimates of global vulnerability to sea-level rise and coastal flooding, Oktober 2019

41 Atlantische meridionale Umwälzbewegung (Atlantic Meridional Overturning Circulation, AMOC), umgangssprachlich oft auch das »Golfstrom-System« genannt

42 https://phys.org/news/2019-08-gulf-stream-seas-hotter-florida.html

43 https://www.scientificamerican.com/article/slow-motion-ocean-atlantics-circulation-is-weakest-in-1-600-years/

44 https://www.sciencedaily.com/releases/2018/07/180718131128.htm

45 https://www.usnews.com/news/data-mine/articles/2018-08-01/wildfires-are-getting-worse-and-more-costly-every-year

46 Aufgrund von Todesfällen, weniger Steuereinnahmen und weniger Touristen

47 The Costs and Losses of Wildfires, A Literature Review, US Department of Commerce, November 2017 https://nvlpubs.nist.gov/nistpubs/SpecialPublications/NIST.SP.1215.pdf

48 Forstverwaltungsbehörde der USA (US Forestry Service)

49 Jacobson and Hoeve, 2011, Effects of Urban Surfaces and White Roofs on Global and Regional Climate, Stanford University. https://web.stanford.edu/group/efmh/jacobson/Articles/Others/HeatIsland+WhiteRfs0911.pdf

50 Auf das Jahr umgelegt entspricht dies in etwa dem CO2-Ausstoß Deutschlands mit derzeit rund 850 Millionen Tonnen pro Jahr. https://www.cleanenergywire.org/news/germany-sees-largest-emissions-drop-2009-recession-govt-agency

51 https://www.theguardian.com/world/2019/aug/12/arctic-wildfires-smoke-cloud

52 https://grist.org/article/insurance-experts-rank-climate-change-as-top-risk-for-2019/

53 https://www.theguardian.com/environment/2019/mar/21/climate-change-could-make-insurance-too-expensive-for-ordinary-people-report

54 https://www.greenbiz.com/article/climate-change-affecting-crop-yields-and-reducing-global-food-supplies

55 https://www.dw.com/en/germanys-forests-on-the-verge-of-collapse-experts-report/a-49659810, https://www.theguardian.com/environment/2009/jan/22/trees-death-global-warming

56 How Europe's winemakers take on climate change, Financial Times, 2. August 2019

57 https://www.fin24.com/Economy/sa-wine-industry-faces-most-challenging-year-ever-expert-20180119
58 https://newfoodeconomy.org/california-san-joaquin-valley-farmland-groundwater-aquifer-drought/
59 Impact of Climate Change on Apple Production in India: A Review, Current World Environment Journal, https://www.cwejournal.org/vol11no1/impact-of-climate-change-on-apple-production-in-india-a-review/
60 Climate change shrinks many fisheries globally, study finds, Phys.org, Februar 2019, https://phys.org/news/2019-02-climate-fisheries-globally.html
61 The Guardian, Juni 2018, Domestic tourism to Great Barrier Reef falls in wake of coral bleaching https://www.theguardian.com/environment/2018/jun/08/domestic-tourism-to-great-barrier-reef-falls-in-wake-of-coral-bleaching
62 https://doi.org/10.1080/15230430.2019.1612216
63 https://blog.weatherops.com/how-does-the-weather-affect-crime-rates
64 Ding N. et al 2016, The Importance of Humidity in the Relationship between Heat and Population Mental Health: Evidence from Australia
65 Nature, Juni 2019, Climate as a risk factor for armed conflict https://www.nature.com/articles/s41586-019-1300-6
66 Siehe die Weltbevölkerungsprognose für 2052: http://www.2052.info/
67 http://www.ccsassociation.org/why-ccs/
68 https://greenismything.com/2015/06/23/howmanytrees/
69 Artikel »New risk of atmospheric aerosols as sunscreen«, https://climatenewsnetwork.net/new-risk-atmospheric-aerosols-sunscreen/

## Teil 2: Woran liegt es, dass sich nichts ändert?

1 Smith, Richard, 2014: Green Capitalism, the God that Failed
2 Lu Chien-Yi, Surviving Democracy: Mitigating Climate Change in a Neoliberalized world, Routledge 2020, Einleitung, S. 2

## Teil 3: Reformierung des Systems, wo immer möglich

1 Die Tragödie der Gemeingüter (Commons, Allmende-Güter) besteht in ihrer gnadenlosen Übernutzung, sobald eine große Gemeinschaft sie gemeinsam nutzt. Noch einfacher ausgedrückt: Was allen gehört und nicht geregelt ist, wird von keinem geschützt.
2 https://max-lee.weebly.com/

3 Muslims Face Increasing Discrimination, State Surveillance Under Trump, Counterpunch, Februar 2018, https://www.counterpunch.org/2018/02/21/muslims-face-increasing-discrimination-state-surveillance-under-trump/ New documents in NYPD surveillance of Muslims, Associated Press Report, Adam Goldman, 9. März 2012. Außerdem: https://www.aclu.org/other/factsheet-nypd-muslim-surveillance-program

4 Freedom House, Report on the United States, https://freedomhouse.org/report/freedom-press/2016/united-states

5 Wenn eine Entscheidung aufgrund einer zahlenmäßigen Mehrheit statt nach Richtigkeit oder Sinnhaftigkeit getroffen wird.

6 Michael Gove, britischer Minister, Juni 2016 https://www.ft.com/content/3be49734-29cb-11e6-83e4-abc22d5d108c

7 Smith, Richard, Green Capitalism, The God that Failed, 2014, Kapitel 7, erster Absatz

8 Lu Chien-Yi, Surviving Democracy-Mitigating Climate Change in a Neoliberalized world, Routledge 2020

9 Lu Chien-Yi, Surviving Democracy-Mitigating Climate Change in a Neoliberalized world, Routledge 2020

## Teil 4: Notstand und Forderungen an die Politik

1 Liste betroffener Fahrzeuge: https://www.ademe.fr/sites/default/files/assets/documents/consommation-emissions-vehicules-particuliers-2018_8521.pdf

2 Danke an Richard David Precht. Mir gefällt auch seine Idee, großen Autos Aufkleber mit der Aufschrift *»Die Zukunft meiner und deiner Kinder ist mir scheißegal!«* zu verpassen.

3 CCS steht für »Carbon Capture and Storage«; Anlagen zur Abscheidung und Speicherung von Kohlendioxid

4 https://www.epa.gov/ghgemissions/sources-greenhouse-gas-emissions#commercial-and-residential

5 Autobiography of Andrew Carnegie, 1920, Kapitel XI, New York as Headquarters, S. 154

6 Es gibt derzeit mehr als 90 Staaten.
https://www.wired.com/story/cities-climate-change-equity-paris-agreement/

7 So die Aussage des FDP-Politikers Christian Lindner im März 2019. https://www.spiegel.de/politik/deutschland/christian-lindner-schueler-sollen-in-freizeit-fuer-klimaschutz-demonstrieren-a-1257086.html

8 Emotionen beeinflussen sämtliche kognitive Funktionen inklusive unseres Gedächtnisses. Hier eine Übersichtsstudie dazu: https://www.ncbi.nlm.nih.gov/pmc/articles/PMC5573739/pdf/fpsyg-08-01454.pdf

9 https://www.spiegel.de/thema/der_fall_claas_relotius/

10 https://www.daserste.de/information/reportage-dokumentation/dokus/sendung/das-forum-rettet-davos-die-welt-102.html

11 Genau das habe ich zum Beispiel auch in meiner Promotion untersucht. https://discovery.ucl.ac.uk/id/eprint/1431243/1/thesis_MarenUrner_adjusted.pdf

12 Hier eine Meta-Analyse zum Einfluss von Angst auf die Kapazität des Arbeitsgedächtnisses. https://pdfs.semanticscholar.org/ca5a/f77642fcf63aac6873a4b3323e5b6a4a49ad.pdf

13 https://www.ncbi.nlm.nih.gov/pmc/articles/PMC1693418/pdf/15347528.pdf

14 In der niederländischen Dokumentationsreihe »Tegenlicht« spricht Mark Moody-Stuart vom Paradigmenwechsel. https://www.vpro.nl/programmas/tegenlicht/lees/biografieen/2019-2020/de-zaak-shell.html#a4db4d38-1f09-4bb6-9ba1-b00d26ee5a50

15 Hier geht es zu der Artikelreihe bei Perspective Daily »Dinge, die die Welt nicht braucht«. https://perspective-daily.de/article/topic/47. Hier findest du alle Artikel der Reihe bei Perspective Daily.

16 https://www.vpro.nl/programmas/tegenlicht/lees/biografieen/2019-2020/de-zaak-shell.html#a4db4d38-1f09-4bb6-9ba1-b00d26ee5a50. Zitat von Roger Cox aus der niederländischen Dokumentation »Tegenlicht« (englisch, niederländischer Untertitel, 2020)

17 Hier das Urteil zur Klimaklage des niederländischen Gerichts (auf Englisch). https://uitspraken.rechtspraak.nl/inziendocument?id=ECLI:NL:RBDHA:2015:7196

18 https://onlinelibrary.wiley.com/doi/full/10.1111/joes.12201

19 Studie zur erfolgreichen Handdesinfektion von Ärzten. https://www.sciencedirect.com/science/article/abs/pii/S0196655313000655?via%3Dihub

20 Costa Ricas Plan zur Decarbonisierung ist weltweit einmalig. https://www.unenvironment.org/news-and-stories/story/costa-rica-living-eden-designing-template-cleaner-carbon-free-world

21 Anfang 2020 verkündete die Stadt Barcelona den Klimanotstand inklusive konkreten Maßnahmen und geplantem Budget. https://www.barcelona.cat/infobarcelona/en/climate-emergency-declared-in-barcelona_902739.html

22 Hier der Tweet von Marco Fechner zur Bundestagswahl. https://twitter.com/PankowerPflanze/status/1161034274377752578?s=20